Lexikon der KANINCHEN

Lexikon der KANINCHEN

KOMET

Autorin: Heidrun Eknigk

Gesamtherstellung: Komet Verlag GmbH, Köln

ISBN 3-89836-504-2

www.komet-verlag.de

Bildnachweis: Heidrun Eknigk: S. 8, 9, 15, 18, 21, 22, 23, 27, 35; Inge Frasch: S. 36, 73; Willem Hoekstra: S. 37, 40, 41, 49, 51, 53, 71, 111, 115, 119, 125, 137, 139, 143, 145, 147, 185, 203, 211, 221, 243, 257, 263, 265, 273, 275, 285; Renate Regitz: S. 245; Heinz Röber: S. 6; Josef Wolters: S. 39, 43, 47, 55, 57, 59, 61, 63, 65, 67, 69, 75, 77, 79, 81, 83, 85, 87, 89, 91, 93, 95, 97, 99, 101, 103, 105, 107, 109, 113, 117, 121, 123, 127, 129, 131, 133, 135, 141, 149, 151, 153, 155, 157, 159, 161, 163, 165, 167, 169, 171, 173, 175, 177, 179, 181, 183, 187, 189, 191, 193, 195, 197, 199, 201, 205, 207, 209, 213, 215, 217, 219, 223, 225, 227, 229, 231, 233, 235, 237, 239, 241, 247, 249, 251, 253, 255, 259, 261, 267, 269, 271, 277, 279, 281, 283.

Inhalt

Einführung

Der Weg zum Haustier

Das Hauskaninchen und alle heutigen Rassekaninchen stammen vom europäischen Wildkaninchen (*Oryctolagus cuniculus*) ab. Kaninchen sind keine Nagetiere, sondern gehören zur Familie der Hasen und Kaninchen (Leporidae). Nach geschichtlichen Überlieferungen entdeckten phönizische Seefahrer das Wildkaninchen vor etwa 3000 Jahren bei ihren Erkundungen Spaniens. Bereits zu dieser Zeit diente es ihnen als Nahrung. Vor etwa 2000 Jahren wurde das Kaninchen domestiziert.

Im Gegensatz zum Wildkaninchen sind Hasenjungen typische Nestflüchter

Die Römer hielten Kaninchen in Einfriedungen, den so genannten Leporarien. Diese Gehegehaltung diente aber lediglich zur Vermehrung der Wildkaninchen, denn die Tiere wurden zur Ernährung und wegen ihres Felles gehalten. Etwa 1000 n. Chr. begann dann die eigentliche Domestizierung (Haustierwerdung). Vornehmlich französische und deutsche Mönche züchteten die Tiere nach Zahmheit und Anpassungsvermögen. So wurden im 12. Jahrhundert Zuchtkaninchen in Deutschland erstmals erwähnt. Gegen Ende des 19. Jahrhunderts war die Haltung von Kaninchen allgemein verbreitet.

Gelegentlich finden sich in alten Werken der Naturwissenschaft, der Literatur sowie auf Radierungen und Gemälden aus jener Zeit vor Beginn der Domestizierung auch solche Hinweise, dass es schwarze, rötliche, gescheckte und in Ausnahmefällen auch weiße Wildkaninchen gegeben hat. In freier Wildbahn haben aber durch die natürliche Auslese allein wildfarbene Tiere eine reelle Chance zum Überleben. Alle anderen Farbformen des Haarkleids, die nicht der Umgebungsfarbe anpasst sind, werden schneller von den natürlichen Feinden erkannt.

Lebensweise des Wildkaninchens

Wildkaninchen leben in Kolonien mit einer strengen Hierarchie und werden von einem dominanten Rammler (männliches Tier) angeführt. Fremde Kaninchen werden nicht akzeptiert. Das Territorium einer Kolonie umfasst bis zu 20 Hektar. Paarungsbereite und trächtige Häsinnen graben Tunnel und Höhlen, in denen die Geburt und Aufzucht der Jungen erfolgt.

Wildkaninchen paaren sich zu jeder Jahreszeit. Die Tragzeit beträgt etwa 30–32 Tage; durchschnittlich werden ungefähr vier Junge geboren. Die Jungen kommen völlig nackt, blind und taub als so genannte Nesthocker zur Welt. Erst wenn die Kleinen zehn Tage alt sind, öffnen sie die Augen – und auch die Taubheit verschwindet nach einigen Tagen. Drei Wochen nach der Geburt verlassen die Jungtiere das Nest und beginnen mit der Aufnahme von festem Futter. Erst im Alter von acht Wochen sind die Jungen von ihrer Mutter unabhängig. Die Geschlechtsreife wird etwa im fünften Lebensmonat erreicht.

Wildkaninchen sind einerseits gesellig, andererseits ausgesprochen scheu. Wittert eines der Tiere eine Gefahr, alarmiert es sofort die ganze Gruppe. Dazu schlägt es mehrmals mit den Hinterläufen in rascher Folge auf den Boden, und dieses Alarmsignal wird auch von weit entfernten Mitgliedern der Kolonie wahrgenommen.

Kaninchen sind sehr genügsam. Ihre Nahrung besteht aus frischen wie trockenen, auch harten Gräsern, Zweigen und Kräutern. Dabei können zumeist ältere Exemplare ein Höchstgewicht von 3 kg erreichen, wobei die Körperlänge bis zu 50 cm betragen kann.

Die biologische Grundausstattung

Blickt man auf die heutigen Heim- und Rassetiere, hat sich gegenüber dem Wildtier im Bereich der körperlichen Grundausstattung sehr viel verändert. So ist das kleine Wildkaninchen in den heutzutage anerkannten Rassen zumeist kaum noch zu erkennen. Wer vermutet in einem Deutschen Riesenkaninchen, das über 6 kg auf die Waage bringt, eine Abstammung vom kleinen Wildkaninchen? Und was führte zu den Abweichungen vom Urtyp? Erst in der Gehegehaltung wurden die verschiedenen erbbiologischen Anlagen für variable Fellfarben, unterschiedliche Haarstrukturen und Körpergrößen (vom Zwerg bis zu den Riesen) oder eine besondere Ohrenhaltung und -form nicht mehr selektiert und auf Dauer sichtbar. Gewollt oder auch ungewollt förderte der Mensch das Auftreten solcher Abweichungen, die zunächst in der Gehegehaltung erhalten blieben, aber schließlich zur ausgesprochenen Stall-

Körperteile eines Kaninchens
1. Stirn; 2. Nasenrücken; 3. Nasenöffnung; 4. Lippen; 5. Kehlgegend; 6. Backe; 7. Nacken; 8. Schulterblattknorpelgegend; 9. Schulterblattgegend; 10. Rücken; 11. Lende; 12. Flanke; 13. Kreuzgegend (Kruppe); 14. Ferse; 15. Mittelfuß; 16. Hinterzehen; 17. Bauch; 18. Ellenbogengegend; 19. Unterarm; 20. Vorderzehen; 21. Oberarmgegend; 22. Vorderbrust.

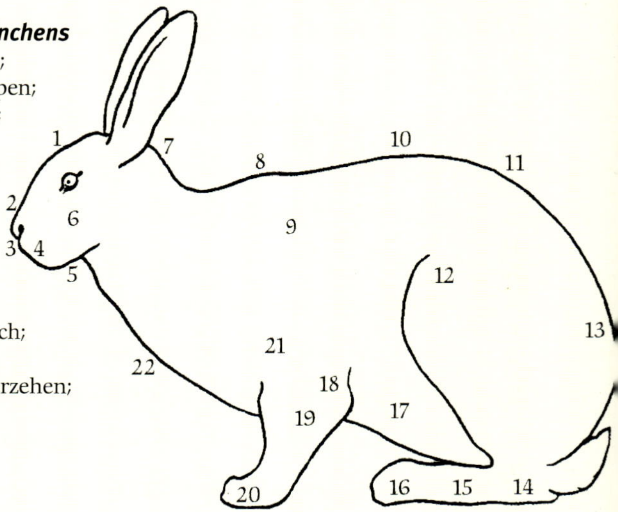

haltung und später zur kontrollierten Zucht anregten. Einerseits war es das Erkennen und Nutzen von Mutationen (sprunghafte Veränderungen in der Erbsubstanz, die plötzlich auftreten und dann konstant weitergegeben werden), andererseits waren es züchterische Kombinationen, die immer mehr Kaninchenrassen mit großen Unterschieden zum Urtyp entstehen ließen. Auch heutzutage gehen die Neuzuchten weiter, wie man anhand des Belgischen Bartkaninchens und des Satinangora beobachten kann.

Skelett eines Kaninchens

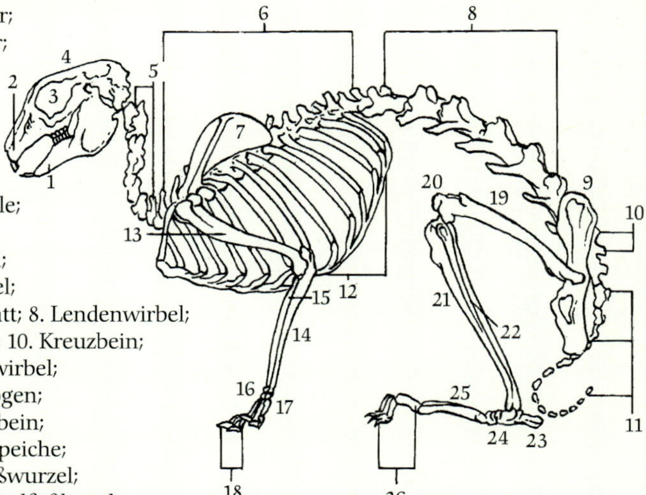

1. Unterkiefer;
2. Oberkiefer;
3. Augenhöhle;
4. Stirnbein;
5. Halswirbel;
6. Brustwirbel;
7. Schulterblatt; 8. Lendenwirbel;
9. Darmbein; 10. Kreuzbein;
11. Schwanzwirbel;
12. Rippenbogen;
13. Oberarmbein;
14. Elle; 15. Speiche;
16. Vorderfußwurzel;
17. Vordermittelfußknochen;
18. Vorderzehen; 19. Oberschenkelbein; 20. Kniescheibe; 21. Schienbein;
22. Wadenbein; 23. Fersenbein; 24. Fußwurzelgelenk; 25. Mittelfußknochen;
26. Hinterzehen.

Literaturhinweis: Eknigk, Heidrun: Kaninchenvererbung, Oertel und Spörer Verlag, Reutlingen.

Haltungsformen

Unterbringung aus züchterischer Sicht:

Die Haltungsformen der Kaninchen unterscheiden sich bei Züchtern und Haltern wesentlich. Für die in einem Verband organisierten Züchter steht zumeist im Mittelpunkt des Interesses, die jeweils von ihnen gezüchtete Kaninchenrasse nach ganz bestimmten Kriterien, die auch für jede Rasse standardisiert sind, erbrein zu züchten. Die Jungtiere werden durchschnittlich im Alter von acht Wochen von der Mutter – das nennt man Absetzen – getrennt, denn ab diesem Zeitpunkt ist der Nachwuchs auch in freier Natur auf eine selbstständige Lebensweise eingerichtet. Jedes Tier muss mit einer bestimmten Ohrtätowierung gekennzeichnet sowie in einem Züchter- und einem Vereinszuchtbuch erfasst sein.

Die Trennung verläuft unterschiedlich, manche Züchter teilen die Jungtiere nach Geschlechtern auf und lassen sie noch bis zu einem Alter von 10–12 Wochen zusammen. Andere trennen sie sofort, so dass jedes Tier einen Einzelstall erhält. Die Unterbringung im Einzelstall hat den Vorteil, dass die Tiere keine Chance erhalten, sich bei Rangordnungskämpfen gegenseitig zu beißen und so größere Verletzungen zuzufügen. Zusätzlich schützt die Einzelhaltung bei einer eventuellen Erkrankung davor, dass sich bei entsprechender Vorsorge durch den Züchter, die Tiere nicht untereinander anstecken. Manche Züchter halten ihre Jungtiere auch kurzzeitig in Ausläufen. Dabei achten sie allerdings sehr auf den jeweiligen Charakter der Tiere, um ebenfalls Rangeleien vorzubeugen. Die Züchterverbände anderer Länder „arbeiten" zumeist nach gleichen Kriterien und die Vorgehensweise hinsichtlich der Haltung, Kennzeichnung und Zucht ist ähnlich geregelt.

Unterbringung aus der Sicht des Halters:

Kaninchen sind längst ebenso wie Hund, Katze oder Vogel überall als Heim- und Schmusetier beliebt. Die Grundlagen ihrer Haltung weichen allerdings zumeist sehr von denen des Züchters ab. Als Heimtiere werden Kaninchen in Stubenkäfigen, einem eigens eingerichteten Terrain innerhalb der Wohnung oder auch in der Freilandhaltung untergebracht. Freilandhaltung hört sich zwar gut an, ist aber aus der Sicht des Züchters oft umstritten, weil die Gehege vielfach für die Zahl der eingesetzten Tiere zu klein sind.

Viele Kaninchenfreunde meinen, sie tun den Tieren nur Gutes, wenn sie diese paarweise oder in größeren Gruppen halten, um ihnen eine artgerechte Unterbringung zu ermöglichen. Jedoch kommt es hier auch zu Kreuzungszuchten, die eine rassereine Zucht völlig ausschließen. So führen unkontrollierte Zuchten vielfach dazu, dass einerseits zwar sehr interessante Farb- und Zeichnungstiere mit ebenso interessanten Haarstrukturen entstehen, andererseits leider erblich bedingte Fehler und Anomalien durch mangelnde Sachkenntnis dauerhaft vererbt werden. Natürlich gibt es auch sehr bewusste Kaninchenhalter, die sich mit einem Tier als Wohnungsgenosse begnügen und nur unter Aufsicht den Freilauf gewähren. Diese Tiere leben zudem wesentlich stressfreier als bei einer Zusammenführung mehrerer Kaninchen.

Unkastrierte Rammler eignen sich nicht für die Gemeinschaftshaltung, da die Rangordnungskämpfe vielfach schon vor der Geschlechtsreife und vor dem möglichen Kastrationsalter einsetzen können. Häsinnen, die allgemein als „lieb und freundlich" gelten, können aber ebenfalls mit Erreichen der Geschlechtsreife zu kleinen, kämpfenden Bestien werden. Auf engem Raum gehalten, steigt die Aggressionsbereitschaft der Tiere enorm. Leider erkennt der Schmusetierhalter dies häufig nicht; stattdessen werden die Tiere vermenschlicht betrachtet, liebkost und gefüttert. Das ist aber falsch verstandene Tierliebe, die krank macht.

Sollen es trotzdem mehrere Kaninchen sein, die das Herz des Liebhabers erfreuen, dann bereitet die Gemeinschaft eines kastrierten Rammlers mit einer Häsin weniger Probleme. Auch werden Meerschweinchen und Kaninchen oft in Gemeinschaft gehalten. Dabei ist aber zu beachten, dass eine solche Gemeinschaftshaltung bereits mit Jungtieren begonnen werden sollte, damit diese die gegensätzliche Körpersprache der jeweils anderen Tierart akzeptieren lernen. Allerdings ist nicht jede Tierzusammenführung von Erfolg gekrönt, deshalb sind die genannten Möglichkeiten grundsätzlich kein Freibrief für die Vergesellschaftung der Kaninchen mit Kaninchen oder Kaninchen mit Meerschweinchen.

Überlegungen vor der Anschaffung

Die lange Tradition der Zucht ließ weit über 150 Kaninchenrassen in vielen interessanten Farbenschlägen entstehen und einige Farbenschläge gelten derzeit als Neuzüchtung. Man kann zwischen großen, mittleren sowie kleinen Rassen, aber auch zwischen den vielen Rassen der Zwergkaninchen und Haarstrukturrassen wählen. Besonders gescheckte Rassen und so genannte Widderrassen mit ihren Hängeohren erfreuen viele Besucher in den Ausstellungen, die einerseits regional von den Rassekaninchenvereinen, andererseits im großen Stil in Form der Landes-, Bundes- und Europaschauen ausgerichtet werden. So manche Trophäe schmückt danach das heimische Wohnzimmer eines Champions, Meisters oder Siegers der Rassekaninchenzucht.
Beginnt man mit der Zucht von Rassekaninchen, sollte man sich zuerst in allen Fragen genügend Informationen einholen. Erste Kontakte zu guten Züchtern oder zu einem in der Nähe gelegenen Verein der Rassekaninchenzüchter lassen sich in Ausstellungen knüpfen. In den meisten Vereinen sind Gäste herzlich willkommen und Fragen rund ums Kaninchen werden gern beantwortet. Es gibt auch sehr gute, einschlägige Fachliteratur, die für den Start einer Zucht sowie für die richtige Haltung von Kaninchen hilfreich ist. Für den verantwortungsvollen Züchter und Kaninchenhalter, der ein Tier zur eigenen Freude hält und dieses umsichtig zu betreuen hat, sind zwei wesentliche Grundvoraussetzungen zu nennen:

- Das Tier muss seiner Art und seinen Bedürfnissen entsprechend, unter Beachtung der hygienischen und tierschutzrechtlichen Voraussetzungen ernährt und gepflegt werden sowie verhaltensgerecht untergebracht sein.
- Die artgemäße Bewegung des Tieres darf nicht derart eingeschränkt sein, dass dadurch Leiden, Schmerzen oder Schäden zugefügt werden.

Eine artgemäße Unterbringung meint dabei nicht, ob und wie lange ein Kaninchen Auslauf erhält, sondern ob ausreichende Stallgrößen (Boxen, Buchten) vorhanden sind, damit sich das Tier gut bewegen kann.

Das Kaninchen als Heimtier

Zu einer liebevollen und doch artgemäßen Haltung als Heimtier sind einige Punkte ausschlaggebend, die bei einem Züchter weniger eine Rolle spielen. Gerade für die Wohnungshaltung sollten einige Fragen vorab geklärt sein. Aus den immer wieder auftretenden Problemen, die sich häufig im Zusammenleben mit einem Kaninchen in den häuslichen vier Wänden ergeben, sind folgende Überlegungshilfen entstanden.
Bin ich gewillt,

- mir vor der Anschaffung das Wissen für eine fachgerechte Haltung meines zukünftigen Mitbewohners anzueignen?
- meine Freizeit, und zwar täglich, mit dem Tier zu teilen?
- maximal zwölf Jahre (so alt kann ein Kaninchen günstigstenfalls werden) für das Tier zu sorgen?
- die jährlich notwendigen Impfungen durch einen Tierarzt durchführen zu lassen, auch dann, wenn Einzelimpfungen erfahrungsgemäß teurer sind?
- die Kosten für Nahrung (auch Heu gehört dazu), Einstreu und manchmal auch für Tierarztbehandlung und Medikamente aufzubringen?

- die Versorgung meines Tieres auch im Urlaub zu sichern?
- einen großen Käfig ins Wohnzimmer oder einen anderen Wohnraum zu stellen und dem Tier in seiner Umgebung einen gefahrlosen Freilauf zu gewähren?
- eine trotz größter Sauberkeit des Zimmerkäfigs nicht zu vermeidende Geruchsbelästigung zu dulden, die auch meine Familienmitglieder nicht stört?
- einen Mehraufwand an Reinigung der Wohnung (verstreute Einstreu, abgesetzte Kotkügelchen oder eine Pfütze auf dem Parkett) durchzuführen?
- gegebenenfalls über angenagte Tapeten, zerkratzte Teppiche, angeknabberte Möbel hinwegzusehen?

In diese Überlegungen sollte auch einbezogen werden, dass sich Kaninchen entgegen den so häufigen Annahmen und Aussagen nicht besonders gut als Kuscheltiere für Kinder eignen. Hier sind es meist die Zwergrassen, die aufgrund ihrer Kleinheit gern für Kinder ausgewählt werden. Viele Kaninchen werden nicht wirklich richtig zahm, wollen nicht angefasst werden und kratzen oder beißen, wenn man sie anfassen oder auf den Arm nehmen will. Jeder Züchter einer Zwergrasse achtet bei der Auswahl seiner Zuchttiere und bei der späteren Selektion der Jungtiere auf die Friedfertigkeit und Zutraulichkeit seiner Tiere. Wilde und angriffslustige Tiere wird er niemals in seiner Zucht behalten oder gar an weniger erfahrene Menschen, die sich für die Haltung oder gar die Zucht von Zwergkaninchen entschieden haben, weitergeben. Trotzdem kommt es vor, dass der sanfte Zwerg durch den Transport, den Umzug oder in der neuen Umgebung durch lärmende Freude über das neue Familienmitglied sich auf seine Abwehrhaltung besinnt und eben zubeißt.

In unkontrollierten Zuchten ist dagegen weniger der Charakter als das „putzige, niedliche, süße" Aussehen der Tiere ausschlaggebend für die Vermehrung. So werden neben diesen äußeren Eigenschaften häufig die Anlagen für Abwehr und Bissigkeit sowie für Anomalien in der Erbfolge bewahrt und leider sogar verstärkt.

Vor der Anschaffung sollte also bereits klar sein: Kaninchen – gleich welcher Größe oder Rasse – sind zwar genügsam, aber nicht anspruchslos. Vielmehr sind es Lebewesen mit ihren arteigenen Ansprüchen und Bedürfnissen.

Ställe

Stallanlagen kommen in den verschiedensten Bauweisen als Außenstallung und als Innenstallung vor und bestehen aus mannigfaltigen Materialien. Die Ställe können als Einzelbox, Etagenställe oder im erweiterbaren Baukastensystem hergestellt werden. Weiterführende Literatur befasst sich eigens mit vielen hilfreichen Details. Für die Einzelstallgröße gelten auch rechtliche Normen, die nach den Tierschutzvorgaben mindestens einzuhalten sind.

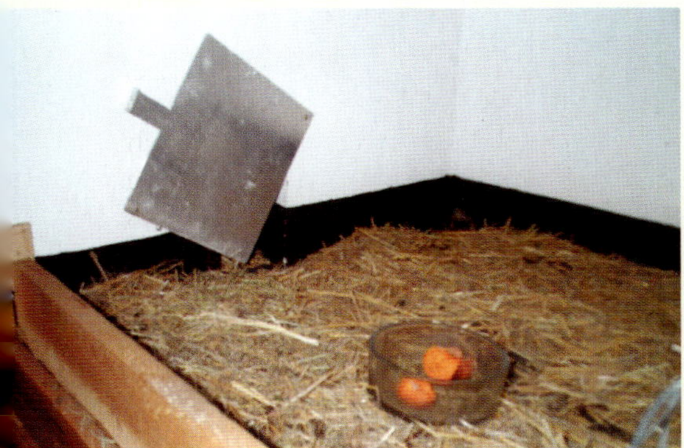

uch Einzelboxen lassen sich durch einen einfachen urchgang problemlos miteinander verbinden

Dabei sollen folgende Mindest-Richtmaße bei der Größe einer Box oder eines Einzelstalls für ein Tier der jeweiligen Rasse nicht unterschritten werden:

Große Rassen: 100–120 cm Breite x 70–80 cm Tiefe x 70–80 cm Höhe
Mittelgroße Rassen: 70–80 cm Breite x 60–80 cm Tiefe x 60 cm Höhe
Kleine Rassen/Zwergrassen: 50–60 cm Breite x 40–60 cm Tiefe x 50 cm Höhe

Literaturhinweis: Thormann, Lothar: Kaninchenställe und Stallanlagen, Oertel und Spörer Verlag, Reutlingen.

Da Kaninchen über einen großen Bewegungsbedarf verfügen, kann ein Einzelstall niemals zu groß sein. Besonders viel Bewegung benötigt eine Häsin, die Jungtiere aufzieht. Für diesen Fall ist beim Bau eines Stalles die Einrichtung von Doppelboxen ratsam. Die temporäre Vergrößerung eines Stalles kann selbstverständlich auch durch herausnehmbare Zwischenwände erreicht werden. Da aber beim Stallbau häufig auch die Geldfrage eine wichtige Rolle spielt, empfiehlt sich die Entscheidung für eine spezielle Rasse bereits vor dem Baubeginn.

Auslauf:
Zusätzlich kann jeder Züchter oder Halter seinen Kaninchen einen Auslauf anbieten. Bei der Einrichtung eines Außengeheges sollte man jedoch nicht die Lieblingsbeschäftigung vieler Kaninchen – die instinktive Gewohnheit Gänge zu graben – vergessen. Aus diesem Grund ist unbedingt eine Absicherung in Form eines Drahtgeflechts, das unter der Erdoberfläche im Untergrund des Auslaufgeheges eingebracht wird, erforderlich. Daneben muss auch die Einzäunung recht hoch sein, da Kaninchen durchaus gut springen können. Etwa 150 cm Zaunhöhe gelten als ein ausreichender Schutz. Um dem Grabtier auch das seitliche Hindurchgraben zu vereiteln, muss der Seitenzaun zusätzlich etwa 50 cm in den Untergrund führen.
Als Ersatz für Gänge und Höhlen können kleine, evtl. verschließbare Häuschen, breite Rohrstücke von kurzer Länge oder hohle Baumstämme in den Auslauf gegeben werden. Sie bieten zugleich Abwechslung und Schutz vor starker Sonneneinstrahlung sowie Regen und starkem Wind. Weiterhin schützen die Röhren vor Greifvögeln und verschließbare Häuschen vor nächtlichen Kleinräubern wie Marder, Fuchs, streunenden Hunden und verwilderten Katzen.
Ein Auslauf bedeutet für das Tier in hohem Maße Bewegung, deshalb ist auf die Größe und Besatzdichte zu achten. Bedenkt man, dass ein Zwergkaninchen beispielsweise einen Stubenkäfig mit einer Flächengröße von mindestens 50 x 40 cm hat, so entspräche

das im Freien einer Bewegungsfläche von nur 0,2 Quadratmetern. Dies ist bei weitem nicht das Bewegungsangebot, das einem ausreichenden Auslauf gerecht wird. Zusätzlich wäre weiterer Platz wünschenswert, wenn man berücksichtigt, dass noch ein Witterungsschutz und Versteckmöglichkeiten eingestellt sowie Futterplatz und Heuraufe eingerichtet werden.
Ein einzeln gehaltenes Kaninchen fühlt sich in einem solchen Auslauf, der über so viel Abwechslung verfügt, dann keineswegs einsam, vor allem wenn es zudem den Betreuungsrhythmus (Fütterung und Streicheleinheiten) seines Züchters oder Halters kennt.

Stallhaltung:
In einer reinen Zucht (Rassezucht) herrschen bezüglich der Ställe dieselben Regeln – folglich auch keine, die den Tierschutz verletzen. Zusätzlich richtet sich ein Züchter zumeist nicht nach den Mindestgrößen für die Einzelhaltung, sondern nach den oben genannten Maximalangaben. So wird dann beispielsweise bei einem Zwergkaninchen oder einer anderen Kleinrasse von einer Stallgröße von 60 x 60 cm ausgegangen. Das ergibt eine Bewegungs- oder Bodenfläche von 0,36 Quadratmeter.
Doch ist für das Einzeltier nicht allein die Stallgröße ausschlaggebend. Er sollte hell und sauber sein, dem Tier Schutz vor Zugluft und Witterungseinflüssen sowie eine Rückzugsmöglichkeit bieten. Ein ausreichender Sonnenschutz ist neben der Tatsache, dass Kaninchen eher Kälte als Hitze vertragen, auch bei bestimmten Farbrassen wichtig. Das Sonnenlicht bleicht das Kaninchenhaar, was besonders ungünstig ist, wenn davon Ausstellungstiere betroffen werden. Die günstigste Ausrichtung eines Stalles ist daher, wenn er den Kaninchen ein morgendliches Sonnenbad erlaubt.
Die Errichtung eines Stalles, einer Stallanlage oder eines Auslaufs ist jedoch von vielen Faktoren abhängig. Einerseits vom Platzangebot auf dem eigenen Grundstück und den gesetzlichen Bestimmungen für zu errichtende Bauwerke, andererseits vom jeweiligen Ziel der Kaninchenzucht und den Ansprüchen der Rasse. Züchter,

die ihre Zuchtleistungen in Ausstellungen präsentieren oder eine etwas schwieriger zu haltende Rasse züchten, benötigen entsprechend mehr Einzelboxen.

Der Vorteil der Einzelhaltung begründet sich u. a. in den folgenden Punkten:

- Beißereien sind ausgeschlossen,
- bei Erkrankungen wird die Gefahr einer Übertragung auf andere Tiere gering gehalten,
- bei eventuellen Erkrankungen sind der Behandlungsaufwand und -erfolg sowie die Futteraufnahme und Entwicklung jedes einzelnen Tieres besser zu kontrollieren,
- die Zutraulichkeit der Tiere ergibt sich aus der Individualbetreuung sowie
- die Reinigung und Desinfektion des Stalles sind leichter durchführbar.

Bei der Errichtung einer Stallanlage sind viele Dinge zu bedenken

Stallkapazität:
Auf die Frage nach der Stallkapazität lässt sich eine einfache Antwort finden: Sie richtet sich nach der Anzahl der Zuchttiere und der zu erwartenden Nachzucht aus einem oder mehreren Würfen. Die Mindestzahl an Zuchttieren als spätere Elterntiere umfasst etwa einen Rammler und zwei Häsinnen. Das wären somit schon mal drei Boxen. Bei einer durchschnittlich zu erwartenden Wurfgröße von sechs Jungen pro Häsin, ergibt sich daraus ein Bedarf von zwölf Boxen für die Nachzucht. Wer nun meint, 24 Boxen wären bei dieser Anzahl von Ausgangstieren völlig ausreichend, kann ganz schnell irren, da die Nachzucht auch deutlich höher ausfallen kann. Und da man mit zwei Würfen pro Jahr und Häsin rechnen muss, kommt man mit dieser Anzahl von Boxen nicht weit. Allein diese Angaben genügen bereits, um zu erkennen, wie wichtig es ist, mit Blick auf die gegebenen Tierschutznormen den Umfang einer Zucht und die unterschiedlichen Erfordernisse der Rassen grob abzuschätzen. Dazu gehört in diesem Zusammenhang auch, beim Bau eines neuen Stalles Lagerungsmöglichkeiten für Heu, Stroh und sonstiges Futter einzuplanen.

Die Jungtieraufzucht

Der Nestbau:
Sobald Häsinnen trächtig sind, beginnen sie nach einer geeigneten „Höhle" zu suchen. Da sich in einer Box natürlich keine Höhle graben lässt, wählt das werdende Muttertier den dunkelsten Teil ihrer Unterkunft für den späteren Nistplatz aus. Dabei gibt es allerdings zeitliche Unterschiede: Manche Tiere beginnen bereits ein bis zwei Tage nach dem Deckakt, andere erst nach etwa zwei Wochen mit den Vorbereitungen und wiederum andere bauen das Nest erst kurze Zeit vor der Geburt der Jungen.

Die Geburt:
Nach einer durchschnittlichen Tragzeit von 30 Tagen werden die Jungen geboren. Dabei können die Zeiten um etwa zwei Tage variieren.

Die Häsin beginnt nochmals zu bauen – ergänzt förmlich ihre Vorbereitungen – und polstert das Nest mit Fellhaar, das sich die Häsin vorrangig aus der Bauchpartie rupft, aus. Das ist nicht schmerzhaft, weil sich das Haar durch eine hormonelle Umstellung bereits löst. Auf keinen Fall sollte eine tragende, jungende und säugende Häsin mit anderen Artgenossen zusammen gehalten werden. Das bedeutet Stress und Störung für die Häsin und ist eine Gefahr für die Jungtiere. Insbesondere während der Geburtsphase sollten Störungen unbedingt unterbleiben. Es gibt zwar sehr zutrauliche Tiere, die ihren Menschen durchaus in dieser Phase als Zuschauer dulden, sehr empfindsamen Kaninchenbesitzern ist jedoch zu empfehlen, das Tier gänzlich allein zu lassen. Der Anblick einer Tiergeburt verleitet zum Eingreifen, was auch bei ruhigen Tieren unpassend sein kann.
Jeder Züchter und Halter kann seiner Häsin Gutes tun, indem er für eine ausreichende Tränke (Wasser, niemals Milch!) sorgt. Der Geburtsakt ist mit einem enormen Flüssigkeitsverlust verbunden, den die Kaninchenmutter schnell wieder ausgleichen will und muss. Fehlt frisches Wasser, kann es dazu führen, dass Häsinnen (besonders erstwerfende) Jungtiere verletzen. Häufig stellen Unkundige die Frage, weshalb eine Häsin ihre Jungtiere anfrisst. Das kann unterschiedliche Gründe haben: Einmal passiert es im „Eifer des Gefechts" beim Ablecken der Eihaut (Embryonalhülle) oder auch beim ausgiebigen Reinigen der Neugeborenen.

Das Nest- und Säugeverhalten:

Gleich nach der Geburt säugt das Muttertier ihren Nachwuchs. Die erste abgesonderte Milch (Kolostralmilch) ist besonders nahrhaft und wichtig für die weitere Entwicklung der Jungen.
Dann tritt erneut eine für Anfänger schwer verständliche Situation ein. Die Häsin kümmert sich in dieser Phase nicht weiter um die Kleinen, diese müssen nackt, blind und taub allein ihr Nest finden. Sie prüft jedoch instinktiv regelmäßig die Temperatur und zupft später nochmals Wollhaar, um die Jungen warm einzudecken. Für

das Säugen der Jungtiere hält eine Häsin in der Regel einen festen Zeitplan ein. Sie säugt meistens ein Mal pro Tag im Zeitabstand von 24 Stunden am Abend. Werden Jungtiere morgens geboren, ist eine Häsin in der Lage, den Zeitabstand zum Abend hin langsam zu korrigieren. Ausnahmen und Abweichungen hierbei sind aber durchaus keine Seltenheit.

Die Nestkontrolle:

Eine Nestkontrolle nach der Geburt ist empfehlenswert. Tot geborene Junge oder Geburtsreste müssen unbedingt entfernt werden. Manche Züchter kontrollieren am ersten Tag auch bereits das Geschlecht der Jungtiere. In den nächsten Lebenswochen wird der Unterschied zwischen männlich oder weiblich vorerst nicht mehr so deutlich erkennbar sein. Ferner dient die Kontrolle dazu, Tierchen, die außerhalb des Nestes liegen, in dieses zu legen, damit sie nicht unterkühlen und verenden. Sorgen, ein Muttertier würde die Kleinen nicht mehr versorgen, nachdem man sie angefasst hat, sind ein Irrglaube. Einer eventuellen Aggression der Häsin während einer Nestkontrolle kann man begegnen, indem die Häsin mit leckerem Futter und ruhigen Worten besänftigt oder kurzzeitig aus der Box entfernt wird.

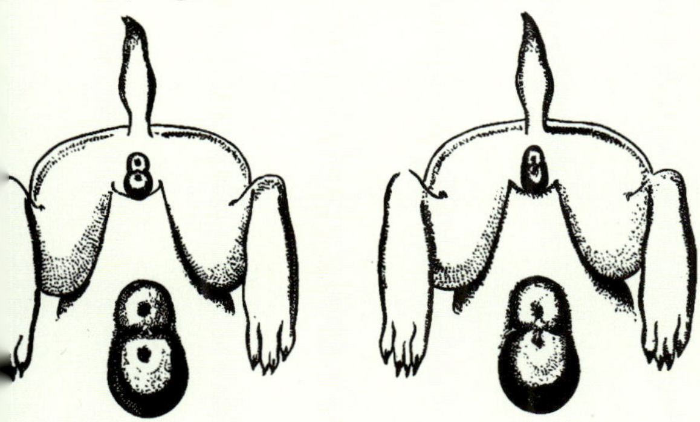

männlich weiblich

Frühbestimmung des Geschlechts (nach Nachtsheim)

Ähnlich verfährt der Züchter, wenn sich Häsinnen widernatürlich gegenüber ihren Jungen verhalten: also keine Nestwolle rupfen, die Jungtiere nach der Geburt nicht ansäugen oder das Nest auseinan-

der scharren. In diesem Fall entfernt man die junge Mutter einige Stunden aus der Kinderstube. Ursachen für diese Verhaltensmuster sind überwiegend vorübergehende Störungen der „hormonellen Steuerung" beim Muttertier. Tiere verhalten sich nicht wissentlich so, sondern alle Verhaltensweisen basieren auf erbbiologischen Informationen gepaart mit speziellen, hormonellen Abläufen.
Auch später ist eine tägliche Kontrolle der Jungen hinsichtlich ihrer Entwicklung und ihrer Gesundheit wichtig, gleichzeitig lernen die heranwachsenden Jungtiere „ihren Züchter" kennen und vertrauen ihm. Nichts ist schlimmer, als Tiere im Stall zu haben, die vor Angst die Wände hochgehen oder später bei Ausstellungsbewertungen vom Bewertungstisch springen bzw. wie wild um sich beißen.

Entwicklung und Wachstum der Jungtiere:
Die Entwicklung der Jungen ist zuallererst von der Säugeleistung des Muttertiers abhängig. Sie wachsen schnell und haben – unabhängig ihrer Rassezugehörigkeit – nach etwa fünf Tagen ihr Geburtsgewicht verdoppelt. Etwa mit 9–11 Tagen öffnen die Nestlinge ihre Augen und auch das Hören setzt ein. Die angegebene Zeitspanne gilt als die durchschnittliche Norm, ein späteres Öffnen kann eine Lin-

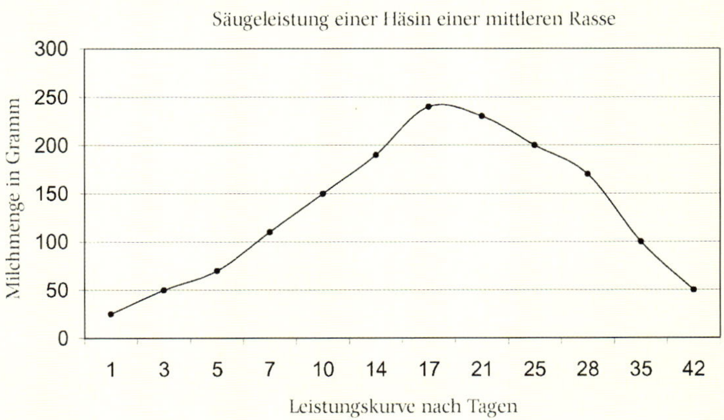

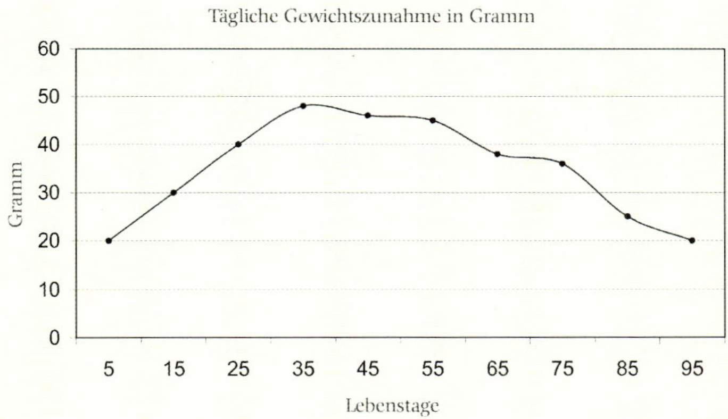

sentrübung mit der Folge einer Erblindung nach sich ziehen. Dies kann man verhindern, indem man das betroffene Auge vorsichtig mit Augenwatte und lauwarmem Wasser betupft und anschließend durch leichten Zug am oberen und unteren Augenlid öffnet. Dabei niemals Kamille verwenden! Sie weicht die Haut zu sehr auf, was wiederum zu schlimmeren Liderkrankungen führen kann.

Nach etwa drei Wochen krabbeln die kleinen Kaninchen aus dem Nest und beginnen mit der selbstständigen Futteraufnahme. Ist bis zu diesem Zeitpunkt die Säugeleistung einer gesunden und optimal gefütterten Häsin angestiegen, so ist eine Verringerung der Milchleistung ab diesem Zeitpunkt normal. Das beweist die weitere, schnell steigende Gewichtszunahme der kleinen Kaninchen bis zur fünften Lebenswoche. Danach entwickeln sich beispielsweise das Skelett und der Fleischansatz, so dass eine kontinuierliche Weiterentwicklung stattfindet.

Die feste Bindung zum Muttertier bleibt bis zur achten Lebenswoche erhalten, dann beginnt die Trennung (das Absetzen) der Jungen von der Mutter. Bei einem Züchter müssen die Tiere bis zum Absetzen auch gekennzeichnet sein.

Es gibt ganz unterschiedliche Methoden des Absetzens, die aus den verschiedensten Erfahrungen der Züchter resultieren:

- Nur das Muttertier wird in eine neue Box gesetzt, alle Jungtiere bleiben dagegen in der gewohnten Umgebung.
- Das Muttertier wird in eine neue Box gesetzt, die Jungtiere werden nach Geschlechtern getrennt in Gemeinschaft gehalten.
- Alle Häsinnen bleiben zusammen, die Rammler werden einzeln gesetzt.
- Alle Jungtiere erhalten einen Einzelstall.

Die Futtergrundlagen

Eigenanbau:

Auch der ambitionierteste Kaninchenhalter oder -züchter muss seine Freizeit nicht unbedingt in Feld und Garten verbringen, um für seine Kaninchen zu sorgen. Trotzdem spart der Eigenanbau des Futters sicherlich die meisten Kosten. Ermöglicht wird dies durch

- die Anbaumöglichkeit von Futtermitteln auf einem eigenen Feld oder im Garten,
- die Gewinnung von sauberen, ungespritzten Gartenabfällen, Kräutern und Unkräutern,
- das Sammeln von Küchenabfällen des eigenen Haushalts, aus der Nachbarschaft oder von Verwandten sowie
- die Grünfütterung und Heuaufbereitung auf eigenem oder gepachtetem Grund und Boden.

Ergänzend ist in vielen Fällen ein Zukauf von Futtermitteln erforderlich. Gemessen an der Tatsache, dass aber immer mehr der Faktor Zeit im heutigen Leben eine Rolle zu spielen scheint, sollte grundsätzlich über folgende Beschaffungsfragen nachgedacht werden:

- Woher bekomme ich Stroh und/oder Heu?
- Wie ergänze ich die eigene Futtergrundlage durch Zukauf von Pellets, Getreidegemisch oder Wurzelfrüchten?

Um ein ausgewogenes Futterangebot (auch über den Winter!) aufrecht zu erhalten und ausreichend Futterreserven für den Wintervorrat anzulegen, muss man unbedingt auch die in Leistung stehenden Tiere – beispielsweise säugende bzw. tragende Häsinnen oder Jungtiere in der Wachstumsphase – mit einkalkulieren.

Industrielle Futtermittel:
Ein berufstätiger Kaninchenhalter, der einen Teil seiner Futtermittel überwiegend selbst erzeugt, kann und wird auf den Zukauf eines Handelsfutters, wie etwa Kleie und Schrot und einen Anteil Fertigfutter, nicht ganz verzichten können. Möglicherweise kann Fertigfutter (Pellets) mit einem Gehalt an Wirkstoffen als ausgleichendes Futter eingesetzt werden. Denn es ist stets zu berücksichtigen, dass Pflanzen oder Wurzelfrüchte nur denjenigen Futterwert haben, welchen sie dem Ackerboden entnehmen können. Feld- und Gartenfrüchte, die auf kargem Boden heranwachsen, werden entsprechend einen geringeren Futterwert aufweisen als Früchte, die auf nährstoffreichen Äckern geerntet werden. Aus diesem Grund kann die Pelletfütterung nicht ganz abgelehnt werden.
Industrielles Futter bietet auch den Vorteil, dass es als Basis-, Absetz- und Leistungsfutter – abgestimmt auf die verschiedenen Leistungsstadien der Kaninchen – erhältlich ist. Daneben greifen Kaninchenhalter auch gern zu Ersatzfuttermitteln wie getrocknetes Gemüse und Kräutermischungen oder Luzernepellets.

Spurenelemente im Futter:
Spurenelemente zählen zu den Mikronährstoffen, also chemischen Elementen, die zwar nur in geringsten Mengen benötigt werden, aber u. a. für die Regulierung des Stoffwechsels, die Bildung des Skeletts, die Schilddrüsenfunktion, das Blutbild oder die Reifeentwicklung der Tiere unentbehrlich sind. Dazu zählen Eisen, Mangan, Chrom, Zinn, Selen, Kupfer, Kobalt, Zink, Fluor und Jod, die in verschiedenen Fällen dann Bestandteile von Enzymen, Vitaminen und Hormonen sind. Vitamine sind jene lebenswichtigen

Wirkstoffe, die den Organismus im Hinblick auf das Wachstum, auf die Fortpflanzung und Vitalität beeinflussen.

Der Verdauungstrakt eines Kaninchens

Als Pflanzenfresser besitzen Kaninchen ein hochkompliziertes Verdauungssystem, das bei unsachgemäßer Fütterung sehr störanfällig ist. Die Nahrungsaufnahme beginnt mit dem Zerkleinern der Nahrung, wobei den Schneidezähnen eine wichtige Funktion zukommt, den Stiftzähnen (auch Stützzähne genannt) hingegen nicht. Die oberen und unteren Schneidezähne sind scharf und wachsen ständig nach. Daraus resultiert, dass Kaninchen immer Gelegenheit erhalten sollen, an harter Kost ihre Schneidezähne abzunutzen. Mit ihrer Hilfe wird die Nahrung abgebissen (Halme, Zweige) und grob zerkleinert. Die Schneidezähne müssen gesund sein, weshalb bereits bei der Zuchtauslese auf die Zahnstellung der Tiere zu achten ist.

In der hinteren Maulhöhle wird die Nahrung dann von den Backenzähnen weiter zerkleinert und mit dem Speichel vermengt. Wie beim Menschen ist diese Speicheleinwirkung auch beim Kaninchen ein wichtiger Verdauungsschritt. Der Nahrungsbrei passiert nun die Speiseröhre, gelangt in den Magen und wird hier in einem weiteren Schritt hauptsächlich durch die Einwirkung der Magensäure vorverdaut. Dabei werden wichtige Inhaltsstoffe freigesetzt und verwertet. Der gesäuerte Nahrungsrest verbleibt nun im Magen, bis vom Kaninchen erneut Nahrung aufgenommen wird. Erst dann wird die bereits vorverdaute Nahrung aus dem Magen zur weiteren Nahrungsaufschlüsselung in den Darmkanal gedrückt. Der Magen selbst ist durch seine sehr geringe Muskulatur zu einem Nahrungstransport nicht in der Lage, weshalb man auch von einem Stopfmagen spricht. Damit dürfte klar sein, weshalb Kaninchen scheinbar nur kauend zu sehen sind. Sie fressen tatsächlich „ständig" – etwa 60–100 Mahlzeiten in kleinsten Mengen am Tag. Würden sie die Nahrungsaufnahme längere Zeit unterbrechen, geriete das Nachschubverfahren ins Stocken.

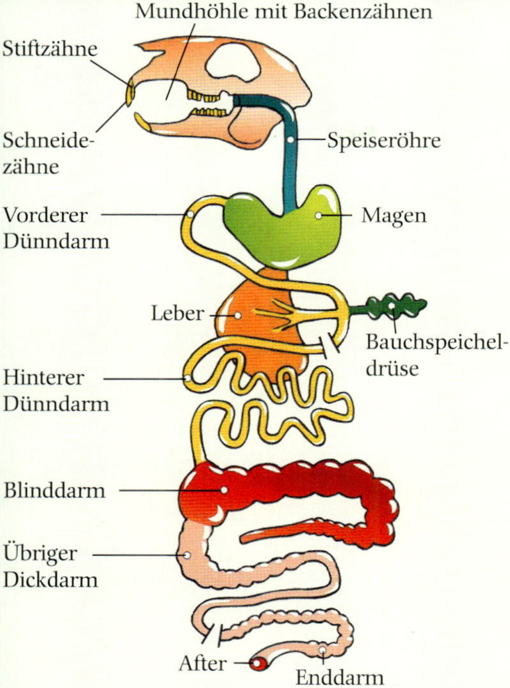

Verdauungstrakt eines Kaninchens

Das hätte aber zur Folge, dass der Mageninhalt zu gären beginnt und das Tier dann krank wird.

Nach der Verdauungsprozedur im Darmkanal erreicht eine rohfaser- und ballaststoffreiche Masse den Blinddarm zur Restenergiegewinnung. Hier wird durch Gärung beispielsweise pflanzliche Zellulose in Traubenzucker umgewandelt. Verändert sich durch falsche Fütterung die Zusammensetzung etwa in einen weniger an Rohfasern gesättigten Brei, kann es auch hier zu Störungen kommen. In solchen Fällen wird die Gärung beschleunigt, es bilden sich Gase im Blinddarm und die gefürchtete, für das Tier schmerzhafte „Trommelsucht" (Tympanie) tritt auf, die auch zum Tode führen kann. Bei einem reibungslosen Verdauungsprozess im Blinddarm wird eine gesonderte Art Kot gebildet, der mit Recht „Blinddarmkot" genannt wird. Er unterscheidet sich in seiner Konsistenz und Form vom normalen, kugelförmigen Kot und ist reich an Vitaminen und anderen Wirkstoffen. Beim Ausscheiden des Blinddarmkotes nehmen Kaninchen diesen direkt wieder vom After auf. Anschließend durchläuft er ein weiteres Mal den Verdauungsweg, wobei er hinsichtlich dieser Stoffe genutzt wird.

Die naturnahe Fütterung

Kaninchen sind ausgesprochene Feinschmecker, die abwechslungsreiches Futter in Napf und Raufe lieben, ähnlich ihrer natürlichen Futtersuche in Wald und Flur. Wer einmal Kaninchen betreut, wird schnell erkennen, dass sie am Ende einer Winterperiode den Wechsel der Natur förmlich riechen. Dann reizt sie die schönste Möhre nicht mehr, sie erwarten das erste Grün. Abwechslungsreiche Futtergaben entsprechen aber nicht nur dem Naturell der Kaninchen, sondern garantieren auf natürlichem Wege die Abdeckung der lebensnotwendigen Nähr- und Inhaltsstoffe sowie ihres täglichen Bedarfs an Spurenelementen und Vitaminen.
Die naturnahe Fütterung bietet jedoch noch weitere Vorteile: Durch die Gabe eines natürlichen Futtergemischs wird der Instinkt der Kaninchen weiter aufrecht erhalten, angebotene Pflanzen als schmackhaft, fressbar oder ungenießbar zu unterscheiden. Kaninchen besitzen daneben die natürliche Fähigkeit, Futter nach ihren Bedürfnissen auszuwählen. Wer einmal seine Tiere bei einem Freilauf beobachtet, kann erkennen, wie genau die Futterwahl erfolgt. Ähnlich wie im Auslauf verhalten sich die Tiere, wenn sie reichliche Portionen in die Futterraufe bekommen. Zuerst werden immer die schmackhaftesten und bekömmlichsten Pflanzen, Pflanzenteile und Wildkräuter gefressen.
Hungerstrecken und anschließendes gieriges Fressen bei unregelmäßiger Fütterungszeit führen dagegen zur Magenüberladung, die zu schmerzhaften Problemen für den empfindlichen Verdauungstrakt und sogar zum Tode führen kann. Eine Magenüberladung bleibt ebenfalls nicht aus, wenn Kaninchen im Frühjahr gierig junges, saftiges Grünfutter fressen. Deshalb empfiehlt es sich, entweder das junge Grün mit Heu zu mischen oder stets für eine volle Heuraufe zu sorgen. Heu ist das Brot der Kaninchen. Es sichert den normalen Verdauungsablauf in ihrem komplizierten Verdauungssystem. Ebenso darf eine täglich frische Tränke (Wasser) nicht vergessen werden. Wasser als Lebenselixier fördert die

bestmögliche Aufspaltung der Nahrung in ihre für das Tier lebenswichtigen Bestandteile.
Verunreinigungen und Schimmel sind im Futter möglichst zu vermeiden. Beispielsweise schadet Sand dem Verdauungstrakt, Schimmel kann zudem Erkrankungen der Atemwege verursachen. Ebenso wenig gehört Babynahrung aus dem Glas auf den Speiseplan der Hasenartigen – völlig zu unrecht sind solche Gemüsebreie gerade bei Kaninchenhaltern beliebt, wenn das Kaninchen „nicht frisst". Kartoffeln und Kartoffelschalen können dagegen meist bedenkenlos gefüttert werden. Sind die Schalen allerdings grün, so befinden sich darin keine Vitamine, sondern das Gift Solanin, das in größeren Mengen schadet. Gedämpft sind grünschalige Kartoffeln jedoch ein vorzügliches Futter. Sie eignen sich insbesondere im Winter bei einer Gabe von Runkelrüben, die als kalkzehrend gelten, zum Untermischen eines Futterkalk-Mineralstoff-Gemischs und einer Handvoll Kleie im feuchtkrümeligen Zustand. Zuchttiere sollten gedämpfte Kartoffeln aber nur in geringen Mengen erhalten, denn sie sind ein gutes Mastfutter, das den Fettansatz fördert.

Berücksichtigung der Leistungsstadien

Unter dem Begriff Leistungsstadium ist die jeweilige Lebensphase des Kaninchens zu verstehen, also welche Ansprüche ein Züchter oder Halter an sein Tier stellt bzw. welche Leistungen ein Tier gerade erbringt. Reine Leistungskriterien sind der Deckakt des oft eingesetzten Zuchtrammlers, die Trächtigkeit und Säugeperiode der Häsin, das Wachstum der Jungtiere, die Absetzphase der Jungen von der Mutter, das Fellwachstum in der Umhaarung sowie das Wollwachstum der Angorakaninchen. Auch die Mast (Schlachtkaninchen) ist eine Leistung. Die verschiedenen Leistungsstadien sind entsprechend beim Füttern zu berücksichtigen, das heißt, man muss natürliche Futtermittel verabreichen und gleichzeitig den Mineralstoff-, Nährstoff- und den Vitaminbedarf der Tiere mit Blick auf ihre jeweiligen Leistungsstadien mit der Füt-

terung abdecken. Diese Leistungsstadien sind unterschiedlich und demzufolge auch bei der Ernährung getrennt zu bewerten.
Leistungsfutter fordert keine feste Größe, sondern richtet sich nach dem Energieverbrauch der Leistung, die von einem Einzeltier (unter Berücksichtigung der Größe und Rasse des Tieres) gerade erbracht wird. Beispielsweise verändert sich in den Zeiten der Trächtigkeit der Bedarf einer Häsin an Eiweiß, Nähr- und Mineralstoffen sowie dem Rohfasergehalt im Futter gravierend im Vergleich zu den jeweiligen Säugezeiten/-wochen. Ebenso ist das Leistungsfutter für Deckrammler anders zu bemessen als beispielsweise das Futter für Angorakaninchen nach der Schur.
Die Aufzucht von Jungtieren erfordert ein Futter, das eiweißreich ist, den verhältnismäßig hohen Rohfaserbedarf abdeckt und die Versorgung mit Mineralstoffen, Kalzium in Verbindung mit dem Vitamin-D-Komplex sowie die gesamte Vitaminzufuhr absichert, um eine gesunde und optimale Entwicklung des Organismus und des Knochenbaus der Tiere zu gewährleisten. Wie erwähnt, ist das Wachstum die Leistung. Parallel spielt allerdings die genetische Veranlagung für eine gute Futterverwertung und körperliche Entwicklungsmöglichkeit eine wichtige Rolle, wenn sich ein Tierchen zu einem prachtvollen Exemplar entwickeln soll.
In der Zuchtruhe – das ist die Zeit, in der von den Tieren keinerlei Leistungen erwartet werden – bedarf es allein der Erhaltung aller Lebensfunktionen sowie der Vitalität in optimaler Weise. Jeder Züchter ist in dieser Zeit bestrebt, einer Verfettung seiner Zuchttiere vorzubeugen. Das erreicht er, indem in dieser Zeit der Eiweißanteil des Futters, jedoch nicht die Vitamine und Mineralstoffe, erheblich gesenkt werden. Züchter sprechen vom „Erhaltungsfutter", aber nicht im Sinne einer minderwertigen Versorgung.

Krankheiten und deren Symptome

Mangelerscheinungen:

Ein deutlicher Vitaminmangel äußert sich beispielsweise in der mangelhaften Skelettbildung (Rachitis, der so genannte Kalkmangel) oder bei einem Rückgang der Fruchtbarkeit durch fehlendes Carotin als Vorstufe des Vitamins A. Ein B-Komplex-Mangel kann zu Störungen der Darmflora führen. Das Vitamin C wird von den gesunden Kaninchen im Blinddarm selbst produziert. Auch das Vitamin D wird durch das Einwirken ultravioletten Lichts (Vitamin D3) unter der Haut der Tiere gebildet und ist in ausreichendem Maße in blattreichem, schonend getrocknetem Heu enthalten. Jedoch festigen die Vitamine des Komplexes D nicht alleine die Knochensubstanz der heranwachsenden Jungtiere, sondern bilden zu diesem Zweck eine Einheit mit dem Kalk/Kalzium und Phosphor. Starker und anhaltender Vitamin-E-Mangel hat Einfluss auf die Fruchtbarkeit, kann also bei Rammlern zu einer mangelnden Samenproduktion, bei Häsinnen zu einer gestörten Eierstockfunktion führen. Sehr schwere Mangelerscheinungen können zu einer Leistungsminderung bis hin zum Abbau der Körper- und Herzmuskulatur oder sogar zum Tode des Tieres führen.
Spurenelemente wie Eisen, Mangan, Chrom, Zinn, Selen, Kupfer, Kobalt, Zink, Fluor und Jod werden von den Kaninchen nur in sehr geringen Mengen (eben als Spur) benötigt, um die Lebens- und Leistungsfunktionen abzusichern. In industriellen Futtermitteln sind bereits alle Wirk- und Nährstoffe enthalten. Kommt natürliches Futter in die Raufen und Näpfe der Kaninchen, gibt es meist keinen Anlass zur Besorgnis, denn Mangelzustände sind nur bei sehr einseitiger Fütterung zu befürchten.

Rabbit Haemorrhagic Disease (RHD):

Rabbit Haemorrhagic Disease (RHD) – auch Chinaseuche genannt – ist eine gefährliche Virus-Erkrankung, von der jeder Kaninchenbesitzer wissen sollte. Das RHD-Virus kann Haus- und Wildka-

ninchen sowie Feldhasen gleichermaßen befallen. Die Überträger des Virus können Blut saugende Insekten, Milben und Zecken sein. Er wird aber auch von Kaninchen zu Kaninchen oder von Mensch zu Kaninchen übertragen, eine Tröpfcheninfektion ist also möglich. Selbst unter Einhaltung höchster Hygiene ist es kaum möglich, sich vor dem Virus sicher zu schützen. Nur eine jährliche Impfung bietet den Tieren völligen Schutz.
Die Krankheitsanzeichen sind jedoch nur wenig charakteristisch: Fressunlust, Teilnahmslosigkeit bis hin zur allgemeinen Störung des Wohlbefindens werden von den Züchtern genannt, die eine solche Erkrankung ihrer Tiere miterlebten. Es werden drei mögliche Verlaufsformen der RHD unterschieden. Bei der akuten Form ist nach 2–4 Tagen eine Unruhe, Benommenheit, Atemnot oder Flankenatmung auffällig. Daneben können Fieber, Fressunlust und blutiger Durchfall auftreten. Am Ende erleiden die Tiere einen Erstickungstod. Bei der zweiten Form werden zuerst keinerlei Krankheitsanzeichen erkennbar. Der Tod tritt plötzlich durch Atemnotkrämpfe und Ersticken ein. Auch von Schreien wird berichtet. Bei einem Krankheitsverlauf, bei dem sich das Kaninchen nach einigen Tagen wieder erholt, leidet es unter Unwohlsein, manchmal auch verbunden mit einem Durchfall.

Myxomatose:
Myxomatose ist ebenfalls eine Virusinfektion. Der Übertragungsweg ist dem der RHD gleichzusetzen. Auch hier gibt es eine vorbeugende Impfung. Die Krankheitsanzeichen treten nach einer Inkubationszeit von 3–5 Tagen auf. Tränenfluss sowie die Entzündung, Rötung und Schwellung der Augenlider sind die ersten Symptome. Darauf folgen weitere beulenartige Schwellungen an den Ohren, am Kopf, an den Gliedmaßen und im Genitalbereich. Die Tiere sterben nach wenigen Tagen; eine Heilung ist nicht möglich. Bei hohem Aufkommen von Mücken muss die Impfung halbjährlich wiederholt werden. Über das Auftreten von Myxomatose kann man sich bei den Veterinärämtern informieren.

Mukoide Enteritis:

Bei dieser Erkrankung, die auch als Enterocolitis bezeichnet wird, handelt es sich um eine Darmerkrankung in Form der Darmlähmung. Eine Erforschung der Ursachen ist noch nicht beendet. Zu Beginn der Krankheit sind die Tiere appetitlos, wirken benommen und bewegen sich kaum. Einige Tiere setzen einen dünnbreiigen, eventuell auch gallertartigen, schleimigen Darminhalt ab, der faulig riecht. Die Bäuche der Tiere blähen stark auf. Beim Abtasten fühlt sich der Blinddarm zunächst wie Knetmasse, später zunehmend hart an.
Grundsätzlich sollte der weniger erfahrene Kaninchenbesitzer auch einen Tierarzt befragen, wenn ein Kaninchen trübe Augen hat, sein Fell sträubt, widerwillig frisst oder teilnahmslos in der Ecke sitzt und evtl. noch mit den Zähnen knirscht.

Kokzidiose:

Kokzidiose ist eine Darmerkrankung, bei der durch unsachgemäße Fütterung die Darmflora verändert wird, wodurch es zunächst zu starken Durchfällen oder auch Verstopfungen kommen kann. Werden die Tiere nicht fachgerecht behandelt, keine hygienischen Maßnahmen (Desinfektion) durchgeführt und die Ställe nicht regelmäßig gereinigt, können sich die Kokzidien (Sporentierchen) seuchenartig ausbreiten und auch andere Organe befallen. Kokzidiose ist tierärztlich behandelbar.

Ansteckender Schnupfen:

Ansteckender Schnupfen ist eine gefürchtete und äußerst infektiöse Kaninchenseuche. Ist sie einmal ausgebrochen, kann sie schnell den ganzen Tierbestand befallen. Der Krankheitsverlauf beginnt mit einem leicht feuchten Nasenausfluss, der dann schleimig und später eitrig wird. Das hat zur Folge, dass die Kaninchen niesen, husten und in schlimmen Fällen schnell abmagern. Es kommt auch zu Todesfällen oder zum chronischen Verlauf, der dann weitere Krankheitsprozesse mit sich bringt. Ein vorbeugender Impfschutz ist allerdings möglich.

Vergiftungen beim Kaninchen:

Die Behandlung von vergifteten Kaninchen ist zumeist sehr schwierig, denn manche Symptome können auch zu vielen anderen Erkrankungen passen. In vielen Fällen werden Vergiftungen durch Pflanzenschutz- und Schädlingsbekämpfungsmittel, durch unverträgliche Farbanstriche und Reinigungsmittel oder durch giftige Pflanzen hervorgerufen.

Anomalien:

Anomalien sind Abweichungen vom Normalzustand. In der Kaninchenzucht werden damit zumeist krankmachende Missbildungen bezeichnet. Zu den häufigsten Anomalien zählen u. a. Zahnfehlstellungen, ein zu starkes Wachstum der oberen und/ oder unteren Schneidezähne, Geschlechtsanomalien und Skelettfehler. Der erfahrene Züchter selektiert deshalb bereits beim Erkennen der geringsten Abweichungen, da solche Anlagen weitervererbt werden und so in den Nachzuchten verstärkt auftreten können.

Ektoparasiten:

Ektoparasiten sind die zahlreichen Schmarotzer, die sowohl auf der Haut, im Haarkleid oder in den Ohren zu lästigen Erkrankungen führen können. Es handelt sich zumeist um Milben (Spinnentierchen), deren Anwesenheit erst durch Fraßschäden (Schuppen, begrenzter Haarausfall), Hautreizungen und -entzündungen oder Borken- und Schorfbildung auffällt. Das Einschleppen von Parasiten kann auf viele Art und Weisen und den unterschiedlichsten Wegen stattfinden: Beispielsweise können sich im Strohvorrat Mäuse aufhalten oder die Grünfütterung stammt von stark von Wildtieren belaufenen Feld- und Wiesenflächen bzw. saisonal von der Herbstgrasmilbe oder Zecke bevölkerten Wiesen. Bei solchen Auffälligkeiten ist ein Tierarzt zu konsultieren, da die Art und Weise eines Parasitenbefalls bei Behandlungen zu berücksichtigen ist.

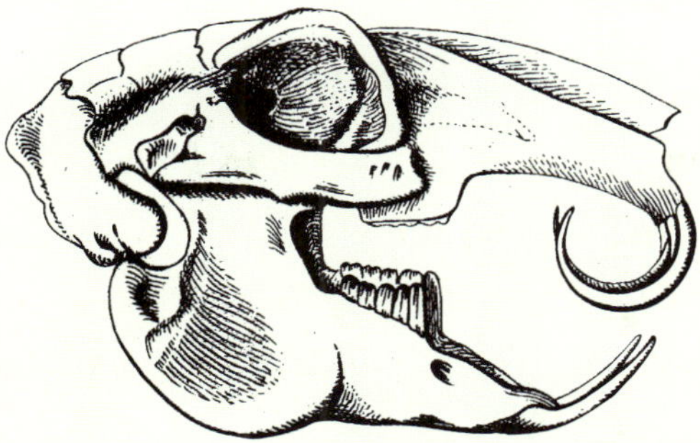

Fehlende Abnutzung der Nagezähne in Ober- und Unterkiefer durch Missbildung des Unterkiefers

Organisationen der Züchter

Rassekaninchenzüchter sind in Deutschland und anderen Ländern in rechtlich eingetragenen Vereinen organisiert. Ausgehend von den vielen Ortsvereinen gliedert sich die Züchtergemeinschaft über die Kreisverbände bis hin zum

Zentralverband Deutscher Kaninchenzüchter e. V. (ZDK)
Präsident: Peter Mickmann
Mittelfeldweg 19 b
27607 Langen
Tel.: 0 47 43 / 65 82
Fax: 0 47 43 / 27 78 34
Internet: www.deutsche-rassekaninchenzuechter.de

Zusätzlich gibt es in jedem Bundesland Spezialklubs für Einzelrassen, in denen sich engagierte Zuchtfreunde treffen. Die regionalen Vereine und Spezialklubs können beim ZDK angefragt werden oder man informiert sich direkt über das Internet.
Ein kleinerer Verband vereint ebenfalls Züchter und widmet sich zusätzlich der Rassekaninchenzucht:

Bund Deutscher Kaninchenzüchter e. V. (BDK)
Präsident: Andreas König
Weiherfeldallee 20
30855 Langenhagen
Tel.: 05 11 / 72 16 35
Fax: 05 11 / 7 63 38 96
Internet: www.bdk-kaninchenzucht.de

Dem Bund angegliedert ist beispielsweise auch der erst 2004 gegründete Verein „9D1 Erhaltungszucht", der sich ausschließlich der Erhaltung des hier im Lexikon erwähnten Belgischen Bartkaninchens widmet.

Internationale Züchterfreundschaften:
Unbedingt zu erwähnen sind ebenfalls die internationalen Züchterbegegnungen. Die europäische Verbundenheit der Tierliebhaber

Belgisches Bartkaninchen

in den Sparten Geflügel-, Tauben-, Meerschweinchen- und Kaninchenzucht führte so auch zur Erarbeitung eines Europastandards für Rassekaninchen, der inzwischen in der 4. Auflage erschienen ist. Dieser macht es möglich, dass die Züchter der Mitgliedsländer im Europaverband für Geflügel-, Tauben-, Kaninchen- und Caviazucht, dem 1938 gegründeten Entente Européenne d'Aviculture et de Cuniculture (Internet: www.entente-ee.com), in gemeinsamen Ausstellungen (Europaschauen) ihre Tiere präsentieren.
Mitgliedsländer in der EE-Sparte Kaninchen sind bis heute Belgien, Deutschland, Frankreich, Luxemburg, Niederlande, Österreich, Schweiz und Tschechien. Bisher sind 80 Kaninchenrassen anerkannt und für gemeinsame Ausstellungen zugelassen. Hervorragende Leistungen sind der Standardkommission unbedingt zu bescheinigen, da gewährleistet sein muss, dass in einem gemeinsamen Standard für viele Länder eine einheitliche Bewertungsmöglichkeit gegeben ist.

Ausstellungen:
Ausstellungen, die von der Lokalschau (Ausstellung eines Vereins), über die Kreis- und Landesschau bis hin zur Bundesschau veranstaltet werden, sind zumeist die Höhepunkte im laufenden Zuchtjahr. Umso beliebter sind diese Ausstellungen, weil die Züchter dort ihr Können erst richtig unter Beweis stellen. Jedes ausgestellte Tier wird von erfahrenen und entsprechend ausgebildeten Preisrichtern nach den Rassekriterien, die der Standard vorgibt, beurteilt und bewertet. Jeder Züchter freut sich über die Bewertungsnoten vorzüglich (v), hervorragend (hv) und sehr gut (sg). Wurde an ein Tier die Bewer-

aninchen-Ausstellungen begeistern ung und Alt

tungsnote gut (g) vergeben, weist dies allerdings darauf hin, dass der Züchter noch an seiner Rasse oder an seiner Rassekenntnis arbeiten muss. Befriedigend (b) und gar nicht befriedigend (nb) lassen dagegen des Züchters Kopf, aber nicht seine Freude an der Zucht sinken.

Daneben sind die Ausstellungen sicherlich auch die beste Form der Öffentlichkeitsarbeit und Werbung für das schöne Hobby der Rassekaninchenzucht.

Kleine Rassekunde

Der aufmerksame Betrachter wird feststellen, dass sich viele Kaninchenrassen gleichen. Dennoch hat jede der hier vorgestellten Rassen ihren Anspruch als gezüchtete Rasse geachtet und erhalten zu werden – denn Kaninchenrassen stellen bis zu einem gewissen Grad auch eine kulturelle Besonderheit dar und sind somit ein kulturelles Erbe der ganzen Menschheit.

Im Rahmen dieses Lexikons werden erstmalig auch ausländische Rassen betrachtet und vorgestellt. Ein freundliches Dankeschön gilt dem niederländischen Züchter und Preisrichter Thomas Kingma aus Burgum, der in freundlicher Bereitschaft sehr viele Informationen zu den ausländischen Rassen lieferte. Gleichermaßen sind die Züchterinnen Inge Frasch, Bayern (Belgische Bartkaninchen) und Renate Regitz, Sachsen (Satinangora) zu nennen, die mit ihren Informationen und Bildern halfen, das vorliegende Lexikon höchst aktuell zu gestalten.

Die biologischen Grundlagen

Die Entwicklung des einstigen Wildkaninchens hat in menschlicher Obhut über viele Jahrhunderte hinweg einen rasanten Verlauf genommen und basiert auf den verschiedensten Anlagen, welche als erbbiologische Grundlage im Wildkaninchen ruhen. Solche Anlagen wurden erkannt und für die Bildung und Züchtung von verschiedenen Rassen genutzt.

Mutationen und Züchtung:
Bei der züchterischen Gestaltung der Rassen spielten und spielen neben den biologischen Grundlagen für bestimmte Erscheinungsformen sprunghafte Genveränderungen, die so genannten Mutationen, eine entscheidende Rolle. Mutationen, die plötzlich und unabhängig von Umwelteinflüssen auftreten, bewirken bei einem Individuum eine plötzliche sichtbare Veränderung, die auch häufig erbfest (wiederkehrend) ist. Erklärend sei erwähnt, dass Mutationen unter anderem durch Ionenstrahlung oder Gifteinwirkungen, etwa im Stadium der ersten Zellteilung (Meiose) nach der Befruchtung, ausgelöst werden. Dies ist aber nicht das Ziel und die Grundlage der Rassekaninchenzucht. Vielmehr wurden und werden in der Zucht vorhandene Erbmerkmale gefestigt oder für die Schaffung neuer

Hängeohren und Silberung beim Meißner Widder wurden durch gezielte Züchtung zu erbreinen Rassemerkmalen

Rassen und Farbenschläge neu kombiniert. Tendenzen zur Körpergröße (vom Riesen- bis zum Zwergkaninchen), die Farben und Scheckungsvarianten, die Farblosigkeit, die körperlichen Besonderheiten sowie die konstitutionellen Zusammenhänge (Konstitution = die vererbbare Beschaffenheit des Körpers), Ohrformen und -längen, die Fellstrukturen sind auf Mutationen zurückzuführen. Durch gezielte Auslese wurden und werden dann Tiere mit den besonderen Merkmalen zielgerichtet miteinander verpaart, um eine Erbreinheit (Homozygotie) für dieses Merkmal zu erlangen.
Der Begriff der Züchtung lässt sich wie folgt zusammenfassen:

- Züchtung ist das gelenkte Verpaaren und Selektieren von Tieren mit einem ganz bestimmten Ziel und zu einem bestimmten Zweck (Zuchtziel).
- Das Zuchtziel eines Züchters besteht darin, die Schönheit, Leistung, Gesundheit und Erbfestigkeit seiner Rasse in den Vordergrund zu stellen.
- Werden Tiere nach ihrem Aussehen wahllos, ziellos und nur für Verkaufszwecke vermehrt, dann ist das keine Zucht.

Hier ist das typische Albinoauge gut erkennbar

Was ist ein Albinismus?

Albinos sind allgemein weiße Lebewesen, die nicht über die genetische Möglichkeit verfügen, in der Haut, im Haar und in der Iris Pigmente zu bilden. Dies beruht auf einer Stoffwechselstörung bei der Bildung von Melaninen. Man unterscheidet die völlige Pigmentlosigkeit (totaler Albinismus) und den partiellen Pigmentmangel (partieller Albinismus, z. B. Russenkaninchen), bei dem nur bestimmte Körperstellen ohne Pigment sind, wodurch es oft zu einer Pigmentlosigkeit der Haut kommt. Das allgemein bekannte rote Auge ist bei manchen weißen Rassen das Zeichen für diese Pigmentlosigkeit. Tatsächlich ist nicht die Iris rot gefärbt, sondern farblos. Allein der Augenhintergrund mit seinen Adern und Äderchen scheint hindurch und lässt das Auge rot erscheinen. Die rotäugigen Tiere sind jedoch empfindlich gegenüber sehr grellem Licht.

Was ist Leuzismus?

Das beste und bekannteste Beispiel für das erbbiologische Ergebnis einer Unterdrückung von Farbanlagen in der Rassekaninchenzucht ist das Weiße Wienerkaninchen. In diesem Fall ist eine Farbanlage wohl gegeben, aber das Haarkleid des Kaninchens bleibt weiß. Im Gegensatz zum Albinismus, bei dem auch die Färbung der Iris ausbleibt, behält bei leuzistischen Individuen die Iris einen Farbanteil und erscheint als ein klares, blaues Auge.

Ein leuzistisches (blaues) Auge

Rassekunde

Die Rassekunde legt fest, unter welchen Gesichtspunkten sich eine Rasse darstellen lässt. Die unterscheidenden Merkmale sind standardisiert und finden ihren Höhepunkt auch darin, dass nicht nur schöne Tiere gezüchtet werden, sondern die Zuchtexemplare in Ausstellungen präsentiert werden. Wie ein Tier einer bestimmten Rasse aussehen sollte, wird nach „rassespezifischen Merkmalen“ und in spezielle „körperliche Merkmale“ gegliedert.

Beide Merkmalsgruppen fließen überwiegend ineinander, was beispielsweise bei Widderkaninchen und Scheckenrassen sehr gut zum Ausdruck kommt. Bei den Widderrassen ist der behäbige Typ des Körpers mit seinem markanten Kopf und Behang (Hängeohr) untrennbar als Rassemerkmal einzustufen. Bei Scheckenrassen, wie der kleinen Englischen Schecke, müssen das Zeichnungsbild und die Körperform im Zusammenhang gesehen werden. Der Zeichnungsverlauf der so genannten Ketten auf den Körperseiten würde niemals so apart wirken, bekäme die Englische Schecke einen blockigen, klotzigen Körperbau.

Alle Merkmale und Anforderungen, die eine Kaninchenrasse als Rasse prägen, wurden in langer Zuchtarbeit gefestigt. Die Erbfestigkeit wird bei einer entstehenden Neurasse nachgewiesen, indem sie regelmäßig in Ausstellungen höheren Ranges (Bundesschauen) durch Mitglieder der so genannten Standardkommission bewertet und die Verbesserung und Verbreitung der entstehenden Rasse geprüft wird. Wird sie allen Anforderungen gerecht, kann sie als anerkannte Rasse in den Rassestandard aufgenommen werden. Für Neuzuchten wird vom Züchter in Übereinstimmung mit der Standardkommission ein als Zuchtziel dienender Musterstandard gefertigt. Der Weg einer Neuzucht ist in allen Ländern ähnlich geregelt.

Das äußere Erscheinungsbild:

Das äußere Erscheinungsbild, auch Phänotyp genannt, ist bei der Zucht und Bewertung von Kaninchenrassen gleichfalls als ein grober Rahmen zu verstehen, in den sich die unterschiedlichen Rassen fügen. Das äußere Erscheinungsbild bestimmt die Körperform der einzelnen Rassen.

Allgemein kann man sagen, dass Körperbreite und Rumpftiefe ein Drittel der Körperlänge betragen sollen. Der Kopf und der Rücken des Kaninchens sind breit, der Nacken ist kurz und muskulös, das Becken gut gerundet. Ideal erscheint der Rumpf, wenn er in seiner Breite von der Schultergegend bis zum Becken gleichmäßig breit ist. Der Rücken verläuft ebenmäßig bis zum gut abgerundeten Becken, dabei liegen die Schenkel fest am Körper an. Der Kopf sitzt dicht am Rumpf, die Ohren sind in der Länge zum Körper passend, stabil im Gewebe und oben gut abgerundet. Sie sind nicht faltig

und werden aufrecht getragen. Bei den Riesen, den Widderkaninchen sowie den Zwergrassen werden die Ohren gemessen und gehören zu den Rassemerkmalen.
Die Bau eines Kaninchens zeichnet sich durch eine gute Stabilität aus, die ihm meist anzusehen oder zumindest auch – bei Angorakaninchen – ertastbar ist. Grundvoraussetzung ist ein gesunder Knochenbau, der von der fest anliegenden Fellhaut umspannt wird. Die nach vorn verjüngten oder nach hinten abfallenden oder gar spitzen Rumpfformen sind dagegen nicht erwünscht. Zum korrekten Körperbau gehören weiterhin kräftige und gerade Läufe, der Auftritt ist kurz und wird als Katzentritt bezeichnet. Die Hinterläufe stehen parallel zum Körper. Die Schulterblätter stehen nicht hervor, die Blume wird gerade, am Körper anliegend, getragen.
Der Typ der jeweiligen Rasse ergibt sich dann aus der jeweiligen Körperform (leicht gestreckt, gestreckt, gedrungen, blockig). Zusammenfassend kann gesagt werden, dass das rassetypische Erscheinungsbild durch die Körperform und den Bau geprägt wird.

Zu den Zeichnungsrassen gehören beispielsweise die Kleinschecken

Rassebildende Merkmale:
Nur der Rassetyp allein beschreibt noch keine Rasse. Deshalb unterscheiden sich die Rassen durch Farb- und Zeichnungsmerkmale, Abzeichenbildung und besondere Körpermerkmale (Ohrenform, -länge und -haltung) oder durch die Besonderheit ihrer Behaarung.
In der Kaninchenzucht gliedern sich alle Rassen einerseits nach ihrem Gewicht in große, mittelgroße und kleine Rassen sowie

Zwergrassen, die es in fast allen einfarbigen (reinen) Kaninchenfarben und Zeichnungsvarianten gibt. Die Gliederung setzt sich fort mit Haarstrukturrassen (z. B. Satin), Kurzhaarrassen (z. B. Rex) und Langhaarrassen (z. B. Angora und Fuchs).

Farbrassen sind jene Rassen die farblich klar einzuordnen sind: „Grau" (richtig heißt dies schwarzwildfarbig) in vier verschiedenen Nuancen, Schwarz, Braun (havannafarbig oder chocolate), Blau, Gelb, Rot und nicht zuletzt die Fehfarbe. Verändernde Gene lassen aus einer reinen Farbrasse wieder neue Bilder entstehen, wie zum Beispiel die Silberrassen beweisen. Weißgespitzte Grannenhaare entstehen durch solche Modifikationsgene und verursachen auf dem Fellkleid einen silbrigen Effekt.

Unter Zeichnungsrassen sind solche Rassen zu verstehen, bei denen an einzelnen Körperteilen wie Kopf, Ohren, Rücken oder an den Flanken so genannte Abzeichen die Rassemerkmale bilden. Hierzu zählen Rassen wie Rheinische Schecken, Kleinschecken, Englische Schecken, Holländer, Hotot, aber auch Japaner und Lohkaninchen.

Die Rassen mit Abzeichen unterscheiden sich dagegen darin von den Zeichnungsrassen, dass die Farbabgrenzungen zum Teil am Kopf oder am Rumpf einen gewissen Übergang zur Deckfarbe haben. Diese Farbflächen werden also nicht so scharf abgegrenzt gefordert wie bei den Zeichnungsrassen. Zu den Rassen mit Abzeichen zählen beispielsweise Marderkaninchen und Siamesen, Thüringer und Weißgrannen.

Die Abzeichen am Kopf der Teilalbinorassen – z. B. Russen oder Kalifornier – setzen sich aus der Kopfzeichnung (Maske und farbige Ohren) zusammen, dagegen gehören die farbigen Vorder- und Hinterläufe sowie die ebenfalls farbige Blume zur Rumpfzeichnung.

Bei den Satin- und Langhaarrassen werden als Rassemerkmale gleichermaßen das Haar und die Farbe gewertet.

KANINCHENRASSEN

Vlaamse Reus, blau

Flämische Riesen, Giant

Herkunft
Belgien

Verbreitung
In den Niederlanden und Flamen, als Riesenkaninchen weltweit

Kennzeichnende Rassemerkmale
Langer und breiter Körperbau; von oben betrachtet stimmen die Proportionen, wenn der Rumpf kastenförmig aussieht; große, fleischige Ohren mit einer Mindestlänge von 17–19 cm zieren den kräftigen Kopf; Farbreinheit der Behaarung bei den jeweiligen Farbenschlägen

Farbenschläge
Wildgrau, Hasengrau, Dunkelgrau, Eisengrau, Blaugrau, Blau, Schwarz, Gelb, Weiß, Hasenfarbig

Haltungsanforderung
Große, hohe und weite Ställe

Besonderheiten
Trotz guter Leistungsfähigkeit wirtschaftlich rückläufig. Mindestgewicht beträgt 6 kg, ausgewachsene Tiere wiegen über 7,5 kg

Vlaamse Reus, schwarz

Flämische Riesen, Giant

Herkunft
Belgien

Verbreitung
In den Niederlanden und Flamen, als Riesenkaninchen weltweit

Kennzeichnende Rassemerkmale
Rassekennzeichnend ist der Körperbau, ein kräftiger Kopf sowie die fleischigen, langen Ohren mit einer Mindestlänge von 17–19 cm. Farbreinheit der Behaarung bei den jeweiligen Farbenschlägen

Farbenschläge
Wildgrau, Hasengrau, Dunkelgrau, Eisengrau, Blaugrau, Blau, Schwarz, Gelb, Weiß, Hasenfarbig

Haltungsanforderung
Große, hohe und weite Ställe

Besonderheiten
Trotz guter Leistungsfähigkeit wirtschaftlich rückläufig. Mindestgewicht beträgt 6 kg, ausgewachsene Tiere wiegen über 7,5 kg

Vlaamse Reus, hasengrau

Flämische Riesen, Giant

Herkunft

Belgien

Verbreitung

In den Niederlanden und Flamen, als Riesenkaninchen weltweit

Kennzeichnende Rassemerkmale

Rassekennzeichnend ist der Körperbau, ein kräftiger Kopf sowie die langen, aufrecht getragenen Ohren mit einer Mindestlänge von 17–19 cm. Farbreinheit der Behaarung bei den jeweiligen Farbenschlägen

Farbenschläge

Wildgrau, Hasengrau, Dunkelgrau, Eisengrau, Blaugrau, Blau, Schwarz, Gelb, Weiß, Hasenfarbig

Haltungsanforderung

Große, hohe und weite Ställe

Besonderheiten

Trotz guter Leistungsfähigkeit wirtschaftlich rückläufig. Mindestgewicht beträgt 6 kg, ausgewachsene Tiere wiegen über 7,5 kg

Vlaamse Reus, eisengrau

Flämische Riesen, Giant

Herkunft

Belgien

Verbreitung

In den Niederlanden und Flamen, als Riesenkaninchen weltweit

Kennzeichnende Rassemerkmale

Rassekennzeichnend ist der Körperbau, ein kräftiger Kopf sowie die fleischigen, langen Ohren mit einer Mindestlänge von 17–19 cm. Farbreinheit der Behaarung bei den jeweiligen Farbenschlägen. Die Größe der Rasse ist bislang einmalig

Farbenschläge

Wildgrau, Hasengrau, Dunkelgrau, Eisengrau, Blaugrau, Blau, Schwarz, Gelb, Weiß, Hasenfarbig

Haltungsanforderung

Große, hohe und weite Ställe

Besonderheiten

Trotz guter Leistungsfähigkeit wirtschaftlich rückläufig. Mindestgewicht beträgt 6 kg, ausgewachsene Tiere wiegen über 7,5 kg

Deutsche Riesen (DR)

Herkunft

Das Riesenkaninchen wurde ursprünglich in Belgien erzüchtet, etwa 1885 als „Belgischer Riese“ nach Deutschland eingeführt. Ab 1937 änderte man das Zuchtziel, reduzierte das erwünschte Gewicht sowie die Rumpflänge und benannte die Rasse in „Deutscher Riese“ um

Verbreitung

Unter diesem Namen in Deutschland

Kennzeichnende Rassemerkmale

Die ideale Körperlänge liegt bei 72 cm; der Körper ist groß und gestreckt, breit und tief und besitzt einen seiner Größe entsprechenden starken Knochenbau. Auffällig sind die großen, fleischigen Ohren mit einer Mindestlänge von etwa 15 cm

Farbenschläge

Wildgrau, Hasengrau, Dunkelgrau, Eisengrau und Hasenfarbe. Weitere Farben sind gegenwärtig durchaus möglich (Abb.: Grau)

Haltungsanforderung

Große, hohe und weite Ställe

Besonderheiten

Trotz guter Leistungsfähigkeit wirtschaftlich rückläufig. Deutsche Riesen sind als eine der ältesten Rassen als Kulturgut anzusehen. Mindestgewicht beträgt 5,5 kg, das Normalgewicht 7 kg und mehr

DEUTSCHE RIESEN, WEIß (DR)

Herkunft

Das weiße Riesenkaninchen entstand 1904 in Deutschland und wurde 1930 offiziell als Wirtschaftsrasse anerkannt. Der weiße Farbenschlag ist ein Albino und etwas kleiner als die farbigen Varianten

Verbreitung

Unter diesem Namen in Deutschland

Kennzeichnende Rassemerkmale

Rassemerkmale wie beim farbigen Deutschen Riesen

Farbenschläge

Albino (weiß)

Haltungsanforderung

Große, hohe und weite Ställe mit der Gelegenheit für viel Bewegung

Besonderheiten

Das Mindestgewicht beträgt 5 kg, das Normalgewicht 6,5 kg und mehr

Deutsche Riesenschecken (DRSch)

Herkunft

Ursprungsland war Frankreich; dort nannte man sie aufgrund der Schnauzenzeichnung „Papillon" (Schmetterling). In Belgien förderte man die Tiergröße ohne Zeichnungswert. Erste Tiere wurden 1897 als Belgisches bzw. Deutsches Landkaninchen auf größeren Schauen in Deutschland gezeigt, 1908 folgte die Anerkennung als Rasse „Deutsche Riesenschecke"

Verbreitung

Unter diesem Namen in Deutschland

Kennzeichnende Rassemerkmale

Markante Zeichnungsmerkmale an Kopf und Rumpf

Farbenschläge

Schwarz-Weiß, Blau-Weiß, Havanna-Weiß

Haltungsanforderung

Große, hohe und weite Ställe mit der Gelegenheit für viel Bewegung

Besonderheiten

Eine attraktive Rasse mit kulturellem Wert, sehr leistungsstark. Das Idealgewicht beträgt über 6 kg ohne Höchstgrenze

Deutsche Widder (DW)

Herkunft

Zunächst waren Tiere mit hängenden Ohren nur in Frankreich und England bekannt. In Frankreich wurde bei der Zucht auf Fleisch und Fell Wert gelegt, in England auf ein Rassetier mit extrem langen Ohren. Der kräftige, französische Widdertyp kam 1869 nach Deutschland, wurde 1880 als Rasse anerkannt und züchterisch zum robusten Deutschen Widder verändert

Verbreitung

Unter diesem Namen in Deutschland

Kennzeichnende Rassemerkmale

Ein robuster Körper sowie ein Kopf mit wulstiger Krone (Ohrenansatz) in Einheit mit dem Behang unterstreichen den Widdertyp

Farbenschläge

Alle grauen, weißen und viele reine Farben anderer Kaninchenrassen (Abb.: Wildgrau)

Haltungsanforderung

Große, hohe und weite Ställe mit der Gelegenheit für viel Bewegung

Besonderheiten

Ruhige, leistungsfähige Rasse, sehr beliebt. Das Normalgewicht liegt bei über 5,5 kg, ein Höchstgewicht besteht nicht

Deutsche Widder, gescheckt (DW)

Herkunft

Wie Deutsche Widder

Verbreitung

Im Europastandard vertreten; die Rasse wird in drei europäischen Ländern anerkannt gezüchtet

Kennzeichnende Rassemerkmale

Markanter Widdertypus sowie die Mantelscheckung, die „auf dem Tier zu liegen scheint". Behanglänge beträgt 38–45 cm

Farbenschläge

Gescheckte Widder werden in den Grautönen, in den reinen Farben anderer Kaninchenrassen sowie thüringerfarbig gezüchtet (Abb.: Schwarz-Weiß)

Haltungsanforderung

Große, hohe und weite Ställe mit der Gelegenheit für viel Bewegung

Besonderheiten

Eine Herausforderung bietet die Scheckenzeichnung

Deutsche Widder, Gelb (DW)

Herkunft
Wie Deutsche Widder

Verbreitung
Gut verbreitet

Kennzeichnende Rassemerkmale
Typischer Widder mit gelbem Haarkleid; nur die Wildfarbigkeitsabzeichen (Farbe der Bauchdecke, Blumenunterseite, Kinnbereich, Augenring) heben sich weiß ab

Farbenschläge
Erbbiologisch sind keine anderen Farbenschläge möglich

Haltungsanforderung
Große, hohe und helle Ställe mit der Gelegenheit für viel Bewegung

Besonderheiten
Normalgewicht bei über 5,5 kg, ein Höchstgewicht besteht nicht

Weiße von Bouscat

Witte van Bouscat, Blanc de Bouscat

Herkunft

In Frankreich etwa 1924 aus weißen Flämischen Riesen, Champagne-Silber und Angorakaninchen herausgezüchtet

Verbreitung

Frankreich und umliegende Länder. Die Rasse ist im Europastandard zugelassen

Kennzeichnende Rassemerkmale

Leicht gestreckter Körper, elegant, aber kräftig. Den gut entwickelten Kopf zieren eine leicht gewölbte Stirn und v-förmig getragene Ohren mit einer Ideallänge von 15–18 cm. Das Fellhaar ist besonders dicht und lang, die kräftige Begrannung erzeugt eine gewisse Reflexion

Farbenschläge

Keinen weiteren

Haltungsanforderung

Geräumige, saubere Ställe

Besonderheiten

Sportrasse mit einem Idealgewicht von 6,5 kg ohne Begrenzung

Mährische Blaue

Blue of Mähren, Bleu de Mähren

Herkunft

Mähren im Südosten der heutigen Tschechischen Republik

Verbreitung

Tschechien

Kennzeichnende Rassemerkmale

Die Deckfarbe soll gleichmäßig stahlblau in heller Abtönung sein; dunkle Flecken sind fehlerhaft. Der Körperbau ist walzenförmig. Die Augen sind blaugrau

Farbenschläge

Nur in Blau

Haltungsanforderung

Geräumige Ställe entsprechend der Größe der Rasse. Da Sonneneinstrahlung das Haar bleicht, ist eine gute Beschattung empfehlenswert

Besonderheiten

Idealgewicht laut Europastandard ab 5,5 kg ohne Begrenzung nach oben

Blaue von Sint Niklaas

Blue of Saint Nicolas, Bleu de Saint Nicolas

Herkunft

Belgien

Verbreitung

Im Europastandard enthalten, wird demnach in mindestens drei der Mitgliedsstaaten gezüchtet

Kennzeichnende Rassemerkmale

Zu den Rassemerkmalen zählen die lichtblaue, gleichmäßige Deckfarbe sowie der längliche Kopf, der von der Seite betrachtet eine Rautenform präsentieren soll

Farbenschläge

Nur in Blau

Haltungsanforderung

Geräumige Ställe entsprechend der Größe der Rasse

Besonderheiten

Idealgewicht laut Europastandard ab 5,5 kg bis 6 kg. Tiere dieser Rasse verfügen meist über einen ausgeglichenen Charakter und werden vornehmlich von Sportzüchtern und besonderen Liebhabern gezüchtet

Belgische Bartkaninchen (BB)

Herkunft

Das Belgische Bartkaninchen ist eine französisch-belgische Rasse ohne Anerkennung. In Frankreich als „Löwenkaninchen" bekannt

Verbreitung

In Deutschland befassen sich Züchter mit der erneuten Herauszüchtung (siehe www.belgische-bartkaninchen.de)

Kennzeichnende Rassemerkmale

Partielle Langhaarigkeit („Mähne") an Kopf, Schultern und Becken, extrem breite Ohren. Das Fell ist grau mit Rotanteil; die Flanken und die lange Behaarung sind dunkler, der Bauch ist heller

Farbenschläge

Keine weiteren

Haltungsanforderung

Geräumige Stallanlagen in den Abmessungen für große Rassen

Besonderheiten

Leistungsfähig, frohwüchsig, selten Verluste. Erwachsene Tiere werden etwa 6 kg schwer; schlachtreif mit sechs Monaten

Meißner Widder (MW)

Herkunft

Erzüchtet von Leo Reck aus Meißen, der die Silberung (erzeugt durch weißgespitzte Deckhaare) des damals schon anerkannten Kleinsilber auf den Widdertyp übertragen wollte. Als Neuschöpfung erstmals 1906 der Öffentlichkeit vorgestellt

Verbreitung

Deutschland; eher als Rarität anzusehen

Kennzeichnende Rassemerkmale

Rassemerkmale wie beim Deutschen Widder, der Körper ist aber leicht gestreckt und weniger massig und gedrungen, Behanglänge 38–42 cm

Farbenschläge

Schwarz, Blau, Braun, Gelb, Havanna (Abb.: Schwarz, gesilbert)

Haltungsanforderung

Mindestanforderung der Boxengröße für mittlere Rassen ist zu beachten. Sonneneinstrahlung und häufige UV-Strahlung entzieht dem Haar Farbe

Besonderheiten

Gute Leistungsfähigkeit, eine interessante Rasse mit leichten Schwierigkeitsgraden in der Zucht. Das Mindestgewicht beträgt 3,5 kg, das Normalgewicht 4,5 kg und das Höchstgewicht 5,5 kg

Helle Großsilber (HGrS)

Herkunft

Das Ursprungsland ist Frankreich; Anfang des 19. Jahrhunderts kam die Rasse nach England, 1911 wurden die ersten Tiere nach Deutschland importiert. Unter dem Namen „Französische Großsilber" fanden sie eine weite Verbreitung

Verbreitung

Weite Verbreitung; in Deutschland eine sehr gern gezüchtete Rasse

Kennzeichnende Rassemerkmale

Extreme Silberung und Schattierung, die sich aus dem Zusammenwirken der Silberung und einer schwarzen, überragenden Granne ergibt (Silberung an allen Körperteilen – einschließlich der Schnauzpartie, Ohren und Läufe). Jungtiere werden mit einem schwarzen Fellkleid geboren und „silbern" erst mit der Umhaarung

Farbenschläge

Nur in Schwarz mit der extremsten Silberung zugelassen

Haltungsanforderung

Mindestanforderung der Boxengröße für mittlere Rassen

Besonderheiten

Sehr gute Fruchtbarkeit, gern auch als Fleischrasse gezüchtet. Das Höchstgewicht beträgt 5,5 kg

GROßCHINCHILLAS (GrCh)

Herkunft

In Frankreich als „Kleinformat“ erzüchtet, 1913 erstmals in Paris ausgestellt. Der Name resultiert aus der Fellähnlichkeit mit der Chinchillamaus. 1915 kamen die ersten Tiere nach England, wo sie mit Riesenkaninchen gekreuzt wurden, wodurch das Gewicht von 2,5 kg auf etwa 4 kg erhöht wurde. Etwa 1920 kamen die ersten dieser Tiere über die Niederlande nach Deutschland

Verbreitung

Deutschland- und europaweit verbreitet (Europastandard)

Kennzeichnende Rassemerkmale

Das besondere Rassemerkmal ist das Zusammenspiel der Farben: Deckfarbe ist ein bläulich schimmerndes, helles Aschgrau, verursacht durch weiß-schwarze Deckhaare, über die schwarze Grannenhaare hervorragen und so eine interessante Schattierung verursachen

Farbenschläge

Diese Rasse ist in ihrer Farbanlage und in dieser Größe einzigartig

Haltungsanforderung

Mindestanforderung an die Stallgröße für mittlere Rassen

Besonderheiten

Sehr gute Fruchtbarkeit, ausgeglichen in der Zucht, so dass eine gute Reproduktion zu erwarten ist. Das Höchstgewicht beträgt 5,5 kg

Mecklenburger Schecken (MSch)

Herkunft

Die Rasse stammt aus Mecklenburg-Vorpommern und wurde im Jahre 1980 erstmals öffentlich gezeigt. Nach der Wiedervereinigung Deutschlands wurde sie in den gesamtdeutschen Standard aufgenommen

Verbreitung

Deutschland- und europaweit (Europastandard)

Kennzeichnende Rassemerkmale

Stehohrige Rasse mit Mantelscheckung

Farbenschläge

Schwarz-Weiß, Rot-Weiß, Blau-Weiß

Haltungsanforderung

Mindestanforderung an die Stallgröße für mittlere Rassen. Sonneneinstrahlung und häufige UV-Strahlung entzieht dem Haar Farbe

Besonderheiten

Gute Fruchtbarkeit, ausgeglichen in der Zucht, so dass eine gute Reproduktion zu erwarten ist

Englische Widder (EW)

Herkunft

Die Rasse entstand im 19. Jahrhundert auf den Britischen Inseln und kam bis Ende des 19. Jahrhunderts auch nach Deutschland

Verbreitung

Die Rasse wird deutschland- und europaweit nur noch selten gezüchtet (Europastandard)

Kennzeichnende Rassemerkmale

Es handelt sich um eine besonders ausgeprägte Form des Widdertyps mit sehr langen, weit herabreichenden Ohren

Farbenschläge

Als Farbenschläge zugelassen sind alle reinen Farben sowie die Mantelscheckung

Haltungsanforderung

Diese Rasse benötigt sehr viel Platz und gute Einstreu

Besonderheiten

Eine sehr ruhige Rasse

Deutsche Großsilber (DGrS)

Herkunft

Anfang des 20. Jahrhunderts aus Verpaarungen französischer Großsilber mit kleineren schwarzen und blauen Silberrassen aus Deutschland entstanden

Verbreitung

Deutschland

Kennzeichnende Rassemerkmale

Zur besseren Unterscheidung züchtete man die Körperform des DGrS gestreckter als beim Hellen Großsilber, sein Fell kürzer und die Deckfarbe trotz Silberung dunkler

Farbenschläge

Schwarz-Silber, Blau-Silber, Gelb-Silber, Havanna-Silber

Haltungsanforderung

Geräumige Ställe, Schutz vor Ausbleichen der Fellfarbe durch Sonnenbestrahlung

Besonderheiten

Das Normalgewicht beträgt 4,25 kg – bei einem Mindestgewicht von 3,25 kg und einem Höchstgewicht von 5,25 kg

BURGUNDER (Bu)

Herkunft

Die Rasse entstand vor dem Ersten Weltkrieg in Burgund (Bourgogne)

Verbreitung

Deutschland- und europaweit, mit wieder zunehmender Tendenz

Kennzeichnende Rassemerkmale

Die Deckfarbe ist ein warmes Gelbrot, die Augen sind braun. Der Körper ist leicht gestreckt und zeigt eine hohe Stellung, die Ohren sind ein wenig länger als bei vergleichbaren Rassen

Farbenschläge

Keine weiteren

Haltungsanforderung

Geräumige Ställe entsprechend der Größe einer mittelgroßen Rasse

Besonderheiten

Burgunder sind eine mittelgroße Rasse mit einem Idealgewicht von 4,25–5,25 kg

Blaue Wiener (BlW)

Herkunft

Blaue Kaninchen hat es schon früher gegeben; bereits Leeuwenhoek (1632–1723), ein bedeutender Naturforscher der Niederlande, kannte und beschrieb sie. Das Blaue Wienerkaninchen, das sich später durch seine vorzügliche Farbe, seine Fellgüte und Wirtschaftlichkeit auszeichnen sollte, wurde 1895 im Wiener Prater zum ersten Mal ausgestellt. 1903 kamen die ersten Tiere nach Deutschland

Verbreitung

Europaweit

Kennzeichnende Rassemerkmale

Die Deckfarbe zeigt ein kräftiges Mittel- bis Dunkelblau mit gutem Glanz, die Augen sind blaugrau

Farbenschläge

Jede der „Wienerrassen" gilt als eigenständige Rasse und nicht als Farbenschlag

Haltungsanforderung

Geräumige Ställe entsprechend der Größe der Rasse. Schutz vor Ausbleichen der Fellfarbe durch Sonnenbestrahlung

Besonderheiten

Mittelgroße Rasse mit einem Idealgewicht von 4,25–5,25 kg

Blaugraue Wiener (BlgrW)

Herkunft

Der Blaugraue Wiener ist eine neue Kaninchenrasse, die 1997 in den Rassestandard aufgenommen wurde. Sie war allerdings schon einmal 1936 offiziell anerkannt, geriet aber über lange Zeit in Vergessenheit

Verbreitung

Deutschland

Kennzeichnende Rassemerkmale

Blaue und cremefarbene Deckhaare sowie blaugespitzte Grannenhaare verleihen dem Fell eine feine, kennzeichnende Schattierung

Farbenschläge

Jede der „Wienerrassen" gilt als eigenständige Rasse und nicht als Farbenschlag

Haltungsanforderung

Geräumige Ställe entsprechend der Größe der Rasse. Schutz vor Ausbleichen der Fellfarbe durch Sonnenbestrahlung

Besonderheiten

Das Idealgewicht beträgt 4,25–5,25 kg

SCHWARZE WIENER (SchwW)

Herkunft

Die Schwarzen Wiener wurden 1925 erstmals ausgestellt

Verbreitung

Deutschland- und europaweit

Kennzeichnende Rassemerkmale

Der Körper ist breit, walzenförmig, muskulös und weist dennoch eine leicht gestreckte Form auf. Die Behaarung ist tiefschwarz und glänzend, die Augen und Krallen sind dunkelbraun

Farbenschläge

Jede der „Wienerrassen" gilt als eigenständige Rasse und nicht als Farbenschlag

Haltungsanforderung

Geräumige Ställe entsprechend der Größe der Rasse. Schutz vor Ausbleichen der Fellfarbe durch Sonnenbestrahlung

Besonderheiten

Das Idealgewicht beträgt 4,25–5,25 kg

Weiße Wiener (WW)

Herkunft

Ursprung zu Beginn des 20. Jahrhunderts in Wien. 1910 kamen die ersten Tiere nach Deutschland, die Anerkennung als Rasse erfolgte um 1930

Verbreitung

Deutschland und in Teilen Europas

Kennzeichnende Rassemerkmale

Der Körper ist breit, walzenförmig, muskulös und weist dennoch eine leicht gestreckte Form auf. Die Behaarung ist reinweiß, die Iris ist blau und die Krallen farblos (weiß)

Farbenschläge

Jede der „Wienerrassen" gilt als eigenständige Rasse und nicht als Farbenschlag

Haltungsanforderung

Geräumige, saubere Ställe entsprechend der Größe der Rasse

Besonderheiten

Das Idealgewicht beträgt 4–5 kg

Graue Wiener (GrW)

Herkunft

Lange Zeit waren sie ganz unabhängig eine eigenständige graue Rasse. 1962 wurden sie der Gruppe der Wienerrassen zugeteilt

Verbreitung

Deutschland- und europaweit

Kennzeichnende Rassemerkmale

Der Körperbau ist breit und walzenförmig, ohne plump zu wirken; der Kopf soll kräftig, die Ohren dabei kurz und fleischig sein

Farbenschläge

Wildgrau, Hasengrau, Dunkelgrau. Jede der „Wienerrassen" gilt als eigenständige Rasse und nicht als Farbenschlag

Haltungsanforderung

Geräumige Ställe entsprechend der Größe der Rasse

Besonderheiten

Das Idealgewicht beträgt bei dieser mittelgroßen Rasse 4–5 kg

Weiße Hotot (WH)
Blanc d'Hotot

Herkunft
1910 im Norden Frankreichs herausgezüchtet und nach dem Heimatort der Züchterin benannt. In Deutschland seit etwa 1960 als Rasse anerkannt

Verbreitung
Deutschland- und europaweit

Kennzeichnende Rassemerkmale
Der Körper ist breit und walzenförmig, verkörpert trotzdem eine leicht gestreckte Form. Markant ist der schwarze Augenring bei einem sonst weißen Tier mit braunen Augen

Farbenschläge
Nur in Schwarz-Weiß

Haltungsanforderung
Geräumige, saubere Ställe entsprechend der Größe der Rasse

Besonderheiten
Die Züchtung ist gerade deshalb so interessant, weil hier gleich zwei erbbiologische Scheckungsvarianten das auffällige Erscheinungsbild verursachen. Das Idealgewicht beträgt bei dieser mittelgroßen Rasse 4–5 kg

Rote Neuseeländer (RN)

Herkunft

Die Ursprünge dieser Rasse liegen trotz des Namens in Kalifornien. Es ist eine jener Rassen, die „viele Väter" hatte: Ob in Amerika, Großbritannien, Frankreich, der Schweiz oder in den Niederlanden, überall erfuhr sie eine Veränderung. Seit 1936 sind Rote Neuseeländer als Rasse anerkannt

Verbreitung

Weltweit, evtl. mit Abweichungen im äußeren Erscheinungsbild

Kennzeichnende Rassemerkmale

Das satte, gleichmäßige Rot der Fellfarbe sowie der leicht gestreckte, walzenförmige Körperbau

Farbenschläge

Keine weiteren

Haltungsanforderung

Geräumige, saubere Ställe entsprechend der Größe der Rasse. Sonneneinstrahlung hat negative Wirkung auf die Gleichmäßigkeit der Deckfarbe

Besonderheiten

Das Mindestgewicht beträgt 3 kg, als Idealgewicht gelten 4–5 kg

Weiße Neuseeländer (WN)

Herkunft

Die Rasse stammt ebenfalls aus Kalifornien – hat aber trotz des Namens grundsätzlich nichts mit dem Roten Neuseeländer zu tun. Seit 1963/64 sind sie in Deutschland als Rasse anerkannt

Verbreitung

Deutschland und in Teilen Europas

Kennzeichnende Rassemerkmale

Der Körper ist breit, gedrungen und muskulös, der Kopf ist breit und kurz und die Ohren sehr fleischig und gut behaart. Kennzeichnend für den albinotischen Typ ist die rot durchscheinende Iris und das dichte, glänzend weiße Fell

Farbenschläge

Nur in Weiß

Haltungsanforderung

Geräumige, saubere Ställe entsprechend der Größe der Rasse. Eine gute Abschattung der Ställe ist für die etwas lichtempfindlicheren Augen der Albinos zu empfehlen

Besonderheiten

Albino mit einem Idealgewicht von 4–5 kg

Große Marder (GrM)

Herkunft

Eine sehr junge Rasse, die ursprünglich nur in Ostdeutschland verbreitet war und 1991 in den gesamtdeutschen Einheitsstandard aufgenommen wurde. Ziel der Zucht war es anfänglich, eine Imitation des Steinmarderfells zu erreichen

Verbreitung

Deutschland, als eine noch junge Rasse eher selten

Kennzeichnende Rassemerkmale

Kennzeichnend sind die dunklen Abzeichen, die sich sichtbar von der sonst lichtbräunlichen Behaarung abheben: Dunkler erscheinen die Maske genannte Augeneinfassung und Schnauzpartie, die Ohren, Blume und die Vorder- und Hinterläufe. Auch die Seiten- und Schulterpartien sowie ein Rückenstreifen sind dunkler

Farbenschläge

Nur der braune Farbenschlag ist anerkannt

Haltungsanforderung

Geräumige Ställe entsprechend der Größe der Rasse

Besonderheiten

Allgemein sind alle Marderkaninchen Teilalbinos; ihre Zucht unterliegt einer gesetzmäßigen Spalterbigkeit – dem Mendelismus. Das Idealgewicht liegt bei 4–5 kg

KALIFORNIER (Kal)

Herkunft

1922 in Kalifornien erzüchtet. Ursprüngliches Zuchtziel war ein hoher Fleischertrag, erst später war die schöne Zeichnung von Interesse. In Deutschland seit 1968 als Rasse anerkannt

Verbreitung

Europaweit, wahrscheinlich mit geringen Abweichungen in der Standardisierung sowie unter dem Namen „Groß-Russen“

Kennzeichnende Rassemerkmale

Farbige Abzeichen infolge der so genannten Kälteschwärzung an Ohren, Schnauze, Blume (Schwanz) und Läufen

Farbenschläge

Schwarz, Blau, Havannafarbig

Haltungsanforderung

Geräumige, saubere Ställe. Eine Abschattung der Ställe ist für die lichtempfindlicheren Augen zu empfehlen

Besonderheiten

Die Rasse ist ein Teilalbino. Bei Kälteeinwirkung kann an den kürzer behaarten Körperteilen noch Farbe ausgebildet werden. Höchstgewicht bei 5 kg

Japaner, schwarz-gelb (J)

Herkunft

Die Rasse ist französischen Ursprungs und wurde erstmals 1889 auf der Pariser Weltausstellung gezeigt. Den Namen verdankt sie der Buntheit, die man mit Japan assoziiert. Nach Deutschland kam die Rasse später über England und die Niederlande

Verbreitung

Der schwarz-gelbe Farbenschlag kommt weltweit vor – teils mit Abweichungen in der Gewichtseinteilung

Kennzeichnende Rassemerkmale

Die besondere Japanerzeichnung besteht aus schwarzen und gelben Streifen und Flecken, die auf beiden Körperseiten möglichst entgegengesetzt verteilt sein sollten. Die Körperform ist wie bei fast allen Rassen walzenförmig. Die Augen sind braun

Farbenschläge

Schwarz-Gelb, Blau-Gelb, Braun-Gelb

Haltungsanforderung

Geräumige Ställe entsprechend der Größe einer mittleren Rasse

Besonderheiten

Jedes Tier ist innerhalb einer Zucht immer ein Unikat. Das Mindestgewicht beträgt 2,75 kg, das Normalgewicht bis 3,75 kg und das Idealgewicht 3,75–4,5 kg

803

JAPANER, BLAU-GELB (J)

Herkunft

Die Rasse ist französischen Ursprungs und wurde erstmals 1889 auf der Pariser Weltausstellung gezeigt. Den Namen verdankt sie der Buntheit, die man mit Japan assoziiert. Nach Deutschland kam die Rasse später über England und die Niederlande

Verbreitung

Niederlande, nur noch vereinzelt vorkommend

Kennzeichnende Rassemerkmale

Kennzeichnend ist das Zeichnungsbild, die Farbreinheit und die Verteilung der Farbflächen. Körperform walzenförmig. Die Iris ist bei blau-gelben Tieren blaugrau, beim braun-gelben Farbenschlag braun

Farbenschläge

Schwarz-Gelb, Blau-Gelb, Braun-Gelb

Haltungsanforderung

Geräumige Ställe entsprechend der Größe einer mittleren Rasse

Besonderheiten

Obwohl die Rasse in der Reinzucht gezüchtet wird, ist die Zucht der Japaner äußerst spannend, weil wohl die Farben, doch nicht die Zeichnung immer gleich erfolgt. Das Idealgewicht beträgt 3,75–4,5 kg

Rheinische Schecken (RhSch)

Herkunft

Deutschland. 1902 durch Kreuzung entstanden und schon 1905 als Rasse in den deutschen Standard aufgenommen. Das heutige Zeichnungsbild entstand aber erst später

Verbreitung

Europaweit und weltweit – auch als Dreifarbenschecken

Kennzeichnende Rassemerkmale

Dreifarbiges Zeichnungsbild der Punktschecken unter Einfluss der Japanerfarbigkeit. Somit müssen in allen Zeichnungsbildern die Farben Schwarz und Gelb vorkommen

Farbenschläge

Keine weiteren

Haltungsanforderung

Geräumige, saubere Ställe entsprechend der Größe einer mittleren Rasse

Besonderheiten

Die Entstehung des „Scheckenbildes" unterliegt der gesetzmäßigen Spalterbigkeit. In der Nachzucht sind japanerfarbige, fast weiße und typisch-gezeichnete Jungtiere zu erwarten. Das Idealgewicht beträgt 3,75–4,5 kg

RIJNLANDER Rheinische Schecken

Herkunft

Deutschland/Niederlande

Verbreitung

Dieser Farbenschlag kommt nur in den Niederlanden vor

Kennzeichnende Rassemerkmale

Dreifarbiges Zeichnungsbild der Punktschecken unter Einfluss der Japanerfarbigkeit – somit müssen die Farben Blau und Gelb in den Punkten sowie in allen Merkmalen der Kopfzeichnung und der Rumpfzeichnung vorhanden sein

Farbenschläge

Blau-gelb-weiß, schwarz-gelb-weiß

Haltungsanforderung

Geräumige, saubere Ställe entsprechend der Größe einer mittleren Rasse

Besonderheiten

Die Entstehung des „Scheckenbildes" unterliegt der gesetzmäßigen Spalterbigkeit nach Johann Gregor Mendel

THÜRINGER (Th)

Herkunft

Anfang des 20. Jahrhunderts in Thüringen erzüchtet. 1906 wurden in Leipzig bereits acht dieser Kaninchen ausgestellt

Verbreitung

Deutschland und in den benachbarten Ländern

Kennzeichnende Rassemerkmale

Den Laien mag die Rasse an den Großen Marder erinnern, doch die genetische Grundlage ist eine andere. Die Rassemerkmale (Abzeichen) ähneln sich nur. Kennzeichnend ist der Kontrast der gelbroten Decke zu den schwarzbraunen Abzeichen

Farbenschläge

Keine weiteren, nur die Schattierungen von hell bis reichlich dunkel variieren; bevorzugt wird mittelschattiert

Haltungsanforderung

Geräumige, saubere Ställe entsprechend einer mittleren Rasse. Die Thüringerfarbe wird von der Sonneneinstrahlung gebleicht

Besonderheiten

Die Jungtiere sind in den ersten Lebenstagen fleischfarben; in der dritten Woche beginnt die Umfärbung, die meist im achten Monat endet. Das Idealgewicht beträgt 3,5–4,25 kg

Thüringer, blau

Herkunft

Deutschland/Niederlande

Verbreitung

Niederlande

Kennzeichnende Rassemerkmale

Die Rassemerkmale sind bei den Abzeichen wie beim deutschen Original, nur dominieren hier die aufgehellten Töne in Blau und Gelb

Farbenschläge

Sind in Deutschland nicht zugelassen. Weitere Verbreitung ist nicht sicher bekannt

Haltungsanforderung

Geräumige, saubere Ställe entsprechend der Größe einer mittleren Rasse. Schutz vor Sonneneinstrahlung, die ansonsten das Haar bleicht

Besonderheiten

Das Idealgewicht beträgt 3,5–4,25 kg

Weißgrannen (WG)

Herkunft

Deutschland, seit 1956 als Rasse anerkannt

Verbreitung

Deutschland und europaweit (Europastandard)

Kennzeichnende Rassemerkmale

Weiß sind bei allen Farbenschlägen die Bauchunterfarbe, die Innenseiten der Läufe, die Unterseite der Blume (Schwanz) sowie die Augenringe, Nasenlöcher, Ohrenränder und Kinnbackeneinfassung. An den Seiten ist die Deckfarbe bis etwa zur Rumpfmitte hinauf von langen, weiß gespitzten Grannenhaaren durchsetzt. Schwarze und braune Tiere haben braune Augen, beim blauen Farbenschlag ist die Iris blaugrau

Farbenschläge

Schwarz, Braun, Blau (Abb.: Blau)

Haltungsanforderung

Da Sonneneinstrahlung das Haar bleicht, ist eine gute Beschattung empfehlenswert. Geräumige, saubere Ställe entsprechend der Größe einer mittleren Rasse

Besonderheiten

Das Idealgewicht beträgt 3,5–4,25 kg

Hasenkaninchen (Ha)

Herkunft

Das Hasenkaninchen soll aus grauen Belgischen Riesen mit etwas längeren Läufen hervorgegangen sein. Die Rasse, die in ihrer Form und Stellung dem Wildhasen ähnelt, eroberte schnell die Züchterherzen in vielen europäischen Ländern. 1900 waren in Leipzig die ersten aus England eingeführten Tiere zu sehen

Verbreitung

Auf jeden Fall europaweit (Europastandard)

Kennzeichnende Rassemerkmale

Die gestreckte und sehr sportliche Körperform ist das charakteristische Merkmal

Farbenschläge

Rotbraun

Haltungsanforderung

Diese lebhafte wie elegante, mittelgroße Rasse benötigt sehr große Ställe. Nur durch reichliche Bewegung können sich die Jungtiere zu formschönen Tieren entwickeln

Besonderheiten

Auch als Sportkaninchen hat die Rasse nicht ihre wirtschaftlichen Qualitäten verloren. Das Idealgewicht beträgt 3,5–4,25 kg

Weiße Hasen

Herkunft

Belgien, 1994 in Deutschland anerkannt

Verbreitung

Auf jeden Fall europaweit. Wohl auch als Slowenischer Hase in den osteuropäischen Ländern bekannt

Kennzeichnende Rassemerkmale

Die gestreckte und sehr sportliche Körperform ist das charakteristische Merkmal

Farbenschläge

Gegenwärtige Neuzucht in Deutschland: Hasen, lohfarbig

Haltungsanforderung

Diese lebhafte wie elegante, mittelgroße Rasse benötigt sehr große Ställe. Nur durch reichliche Bewegung können sich die Jungtiere zu formschönen Tieren entwickeln. Die Bewegungsfreude und Schnittigkeit der Tiere kann gefördert werden, indem man in den Boxen Hürden zum Überspringen anbringt

Besonderheiten

Das Idealgewicht beträgt 3,5–4,25 kg

Alaska (Al)

Herkunft

Deutschland. Wurde 1907 in Gotha herausgezüchtet und sollte farblich dem Alaskafuchs ähnlich sehen

Verbreitung

Europaweit (Europastandard)

Kennzeichnende Rassemerkmale

Der Körper ist gedrungen, die Läufe sind mittellang und kräftig, wodurch die Tiere keinesfalls plump wirken. Als besonderes Rassemerkmal gilt die Deckfarbe. Sie ist ein reines, glänzendes, intensives Tiefschwarz, die Unterfarbe ist dunkelblau. Die Augenfarbe ist dunkelbraun, die Krallen sind schwarzbraun

Farbenschläge

Schwarz

Haltungsanforderung

Meidung von starker Sonneneinstrahlung, da das Fellkleid sonst eine bräunliche Farbe annimmt. Ebenso ist auf eine saubere Haltung zu achten, weil auch Einwirkungen von Urin das Fell bleichen

Besonderheiten

Das Idealgewicht beträgt 3,25–4,0 kg

Tschechische Löser

Český Luštič

Herkunft
Tschechien

Verbreitung
Deutschland, Europa, vielfach unter der Bezeichnung „Separator"

Kennzeichnende Rassemerkmale
Wie die Rasse Separator, nur in der Standardgröße der mittelgroßen Rassen

Farbenschläge
Keine weiteren

Haltungsanforderung
Geräumige, saubere Ställe entsprechend der Größe einer mittelgroßen Rasse

Besonderheiten
Der Körper ist gedrungen, walzenförmig. Das Idealgewicht beträgt laut tschechischem Standard 3,5–4,25 kg

Weiße von Dendermonde

White of Dendermonde, Blanc de Termonde

Herkunft

Termonde in Belgien

Verbreitung

Im Europastandard enthalten, wird demnach in mindestens drei der Mitgliedsstaaten gezüchtet

Kennzeichnende Rassemerkmale

Gestreckter Typ mit einer von vorn nach hinten leicht ansteigenden Rückenlinie. Breiter Rücken und insgesamt gut bemuskelt

Farbenschläge

Albino

Haltungsanforderung

Geräumige Ställe entsprechend der Größe der Rasse

Besonderheiten

Idealgewicht laut Europastandard 4,5–5,5 kg

Champagne-Silber

Argenté de Champagne

Herkunft

In unterschiedlichen Ländern wie Frankreich, Schweiz, Großbritannien, Belgien mit abweichenden Merkmalen herausgezüchtet

Verbreitung

Im Europastandard sind sowohl die französische als auch die Schweizer Zuchtrichtung enthalten, demnach werden beide Zuchtrichtungen in mindestens drei der Mitgliedsstaaten gezüchtet

Kennzeichnende Rassemerkmale

Tiere der französischen Zuchtrichtung ähneln dem Hellen Großsilber; Schweizer Tiere haben eine bläulich-weiße Deckfarbe, weil die schwarze Granne mehr in Erscheinung tritt. Schnauzpartie, Ohren, Augenringe, Läufe und Blume treten dunkler hervor

Farbenschläge

Beide Zuchtrichtungen: Schwarz mit heller Silberung

Haltungsanforderung

Mindestanforderung der Boxengröße für mittlere Rassen

Besonderheiten

Sehr gute Fruchtbarkeit, das Höchstgewicht beträgt 5,5 kg

Graue Bourbonnaise

Herkunft
Frankreich

Verbreitung
Im Europastandard enthalten

Kennzeichnende Rassemerkmale
Körper leicht gedrungen und gut bemuskelt

Farbenschläge
Dunkel- und Eisengrau

Haltungsanforderung
Mindestanforderung der Boxengröße für mittlere Rassen

Besonderheiten
Das Idealgewicht beträgt 4–5 kg

Rötliche Burgunder

Fauve de Bourgogne

Herkunft

Frankreich; wahrscheinlich eine Parallelzucht zum helleren Burgunder

Verbreitung

Im Europastandard enthalten

Kennzeichnende Rassemerkmale

Die Deckfarbe ist ein einheitliches Gelbrot am ganzen Körper. Bereiche wie Bauch, Blumenunterseite, Augen- und Kinnbackeneinfassung sind heller. Der Körper ist im Gegensatz zur namensgleichen Rasse Burgunder gedrungen, massiv

Farbenschläge

Keine weiteren

Haltungsanforderung

Geräumige Ställe entsprechend der Größe der Rasse

Besonderheiten

Die rötlichen Burgunder sind eine mittelgroße Rasse mit einem Idealgewicht von 4–5 kg

Groß-Russen

Grand Russe, Big Himalayan

Herkunft

Nicht ganz gesichert, möglicherweise England

Verbreitung

Europaweit, wahrscheinlich mit geringen Abweichungen in der Standardisierung sowie unter dem Namen „Kalifornier“

Kennzeichnende Rassemerkmale

Typisches Kennzeichen ist die Spitzenfärbung an Ohren, Schnauzpartie, Blume (Schwanz) und Läufen, die durch kühle Witterung gefördert wird

Farbenschläge

Nur Schwarz

Haltungsanforderung

Geräumige, saubere Ställe entsprechend einer mittelgroßen Rasse. Eine gute Abschattung der Ställe ist für die etwas lichtempfindlicheren Augen der Albinos zu empfehlen

Besonderheiten

Teilalbino mit roten Augen, bei dem die absolute Pigmentlosigkeit noch nicht gänzlich erreicht ist. Mindestgewicht von 3,5 kg und Höchstgewicht von 5 kg

Tschechische Albino

Lapin Albino Tchèque, Albino Rabbit Czech

Herkunft
Tschechien

Verbreitung
Im Europastandard enthalten, wird demnach in mindestens drei der Mitgliedsstaaten gezüchtet

Kennzeichnende Rassemerkmale
Leicht gedrungener, walzenförmiger Typ mit einer starken Muskulatur. Die Läufe sind kräftig und mittellang

Farbenschläge
Nur Weiß (Albino)

Haltungsanforderung
Geräumige Ställe für mittelgroße Rassen

Besonderheiten
Idealgewicht laut Europastandard wie in Tschechien 4–5 kg, Mindestgewicht 3,25 kg

Van Beveren, blau

Beveren

Herkunft

In Belgien, dort etwa 1900 erstes Erscheinen. Als Rasse sind die Beveren seit 1928 anerkannt

Verbreitung

Im Europastandard enthalten, wird demnach in mindestens drei der Mitgliedsstaaten gezüchtet

Kennzeichnende Rassemerkmale

Auffällig ist die Körperform, die an eine auf den Saiten liegende Mandoline erinnert. Sie wird auch als pear-shaped bezeichnet, weil die Tiere dieser Rasse im hinteren Körperbereich stark entwickelt, aber im Schulterbereich schmal sein müssen

Farbenschläge

Blau, Weiß

Haltungsanforderung

Geräumige Ställe für mittelgroße Rassen

Besonderheiten

Idealgewicht laut Europastandard 4,0–4,5 kg. Normalhaarkaninchen mit einem guten Glanz in der Decke

Van Beveren, weiß

Beveren

Herkunft

In Belgien, dort etwa 1900 erstes Erscheinen. Als Rasse sind die Beveren seit 1928 anerkannt

Verbreitung

Im Europastandard enthalten, wird demnach in mindestens drei der Mitgliedsstaaten gezüchtet

Kennzeichnende Rassemerkmale

Die Rassemerkmale entsprechen denen der blauen Van Beveren. Ein länglicher Kopf mit schmalen, eng zusammenstehenden Ohren unterstreicht den Typ

Farbenschläge

Blau, Weiß

Haltungsanforderung

Geräumige Ställe für mittelgroße Rassen

Besonderheiten

Idealgewicht laut Europastandard 4,0–4,5 kg, Mindestgewicht 3 kg. Es handelt sich um Normalhaarkaninchen mit einem guten Glanz in der Decke

NORMÄNNER Normand

Herkunft
Belgien

Verbreitung
Im Europastandard enthalten, wird demnach in mindestens drei der Mitgliedsstaaten gezüchtet

Kennzeichnende Rassemerkmale
Eine mittelgroße Rasse mit einem kurzen und gedrungenen, aber feinen Körperbau. Die Behaarung ist dicht, kurz, glänzend. Die Deckfarbe ist wildfarbig im mittleren Ton

Farbenschläge
Wildgrau

Haltungsanforderung
Geräumige Ställe für mittelgroße Rassen

Besonderheiten
Idealgewicht laut Europastandard 4,0–4,5 kg, Mindestgewicht 3 kg

Tschechische Schecken

Herkunft

Tschechien

Verbreitung

Im Europastandard enthalten, wird demnach in mindestens drei der Mitgliedsstaaten gezüchtet

Kennzeichnende Rassemerkmale

Kennzeichnend ist die klassische Scheckenzeichnung an Kopf und Rumpf. Der Körper ist gedrungen, walzenförmig. Die mittelgroße Rasse wirkt recht kompakt

Farbenschläge

Sieben Farbenschläge, einschließlich Wild- und Eisengrau

Haltungsanforderung

Geräumige, saubere Ställe entsprechend der Größe einer mittelgroßen Rasse

Besonderheiten

Ihr Mindestgewicht beträgt 2,5 kg, das Idealgewicht 3,5–4,0 kg

HAVANNA (Hav)

Herkunft

Niederlande, etwa zu Beginn des 20. Jahrhunderts

Verbreitung

Europaweit (Europastandard)

Kennzeichnende Rassemerkmale

Der Körper ist blockig. Als besonderes Rassemerkmal gilt die Deckfarbe; sie ist intensiv und satt dunkelbraun

Farbenschläge

Braun (Havanna)

Haltungsanforderung

Starke Sonneneinstrahlung meiden, da das Fellkleid sonst eine „goldblonde" Farbe annimmt. Ebenso ist auf eine saubere Haltung zu achten, weil auch Einwirkungen von Urin das Fell bleichen

Besonderheiten

Das Idealgewicht beträgt 3,25–4,0 kg

Sallander

Herkunft

Niederlande. Preisrichter D. J. Kuiper kreuzte zunächst Thüringer mit Chinchilla, beide Rassen bildeten die Basis für die seit 1975 (Nederlandse konijnenfokkersbond) anerkannte Rasse

Verbreitung

Im Europastandard enthalten, wird demnach in mindestens drei der Mitgliedsstaaten gezüchtet

Kennzeichnende Rassemerkmale

Der Körper ist leicht gedrungen mit breiter Brust und gut abgerundeter Hinterpartie. Kennzeichnend ist die leicht zimtfarbige oder einem Milchkaffee ähnliche Deckfarbe mit einem braunschwarzen Schleier. Die dunklen Abzeichen ähneln dem Thüringerkaninchen

Farbenschläge

Keine weiteren

Haltungsanforderung

Geräumige, saubere Ställe entsprechend der Größe einer mittelgroßen Rasse

Besonderheiten

Ihr Mindestgewicht beträgt 2,5 kg, das Idealgewicht 3,5–4,0 kg

Elsterkaninchen

Eksterkanijn, Magpie

Herkunft

England

Verbreitung

England, USA, in anderen Ländern eher selten. Kommt in Deutschland nicht vor

Kennzeichnende Rassemerkmale

Der Körper ist leicht gestreckt, verfügt aber dennoch über eine gute Breite. Besondere Rassemerkmale sind die Verteilung von schwarzen und weißen Farbfeldern und der Kontrast, vergleichbar mit den Zeichnungsmerkmalen der Japanerkaninchen. Die Farbabweichung begründet sich dadurch, dass hier eine genetische Anlage die Farbe Gelb im Fell unterdrückt

Farbenschläge

Braun, Blau, Lilac (fehfarbig)

Haltungsanforderung

Geräumige Ställe in der Größe für mittelgroßen Rassen

Besonderheiten

Ihr Körpergewicht beträgt mindestens 2,5 kg und höchstens 4 kg

Mährische Weiße mit braunen Augen Moravský bilý Hnědooký

Herkunft
Mähren im Südosten der heutigen Tschechischen Republik

Verbreitung
Nicht gesichert

Kennzeichnende Rassemerkmale
Der Körper ist leicht gestreckt mit ausgeglichenen Proportionen. Als besonderes Rassemerkmal gilt die weiße Deckfarbe in Kombination mit braunen Augen. Hier wurden alle anderen Farbanlagen „weggezüchtet"

Farbenschläge
Keine weiteren

Haltungsanforderung
Entsprechende Stallgröße für mittelgroße Rassen

Besonderheiten
Erbbiologisch ist die Rasse weder mit Weißen Wienern noch mit Albinos vergleichbar. Das Mindestgewicht beträgt 3 kg, das Idealgewicht liegt zwischen 3,3 und 4,0 kg

SANDFARBIGE DER VOGESEN

Sablé des Vosges

Herkunft

Frankreich

Verbreitung

In mindestens drei europäischen Ländern (Europastandard)

Kennzeichnende Rassemerkmale

Der Körper ist leicht gedrungen und elegant. Die Deckfarbe ist hellbraun in unterschiedlich starker Ausprägung möglich. Kennzeichnend ist die Maske am Kopf, aber auch die dunklen Abzeichen, die sich auf Ohren, Läufe und Blume erstrecken

Farbenschläge

Keine weiteren

Haltungsanforderung

Geräumige, saubere Ställe entsprechend der Größe der Rasse

Besonderheiten

Das Idealgewicht liegt zwischen 3,2 und 3,5 kg

Kleinschecken (KlSch)

Herkunft

Tschechien. Stammt von den Tschechischen Schecken ab und wurde nach 1974 in Ostdeutschland auch unter diesem Namen geführt. 1977 wurden die Kleinschecken als Rasse anerkannt

Verbreitung

Als Kleinschecke in Deutschland. Europaweit unter dem Namen Tschechische Schecken mit gering abweichenden Körpergewichten (Europastandard)

Kennzeichnende Rassemerkmale

Der Körper ist gedrungen, walzenförmig. Die kleine Rasse wirkt recht kompakt. Die Scheckenzeichnung in den für Kleinschecken zugelassenen Farbenschlägen

Farbenschläge

Schwarz-Weiß, Blau-Weiß, Havanna-Weiß

Haltungsanforderung

Geräumige, saubere Ställe entsprechend der Größe einer kleinen Rasse

Besonderheiten

Das Idealgewicht beträgt 3,0–3,75 kg

SEPARATOR (Sep)

Herkunft

Die Herkunft der Rasse ist nicht ganz gesichert. In der Literatur über genetische Forschungen in Berlin-Dahlem wird die Zucht eines sandfarbenen Kaninchens 1940 beschrieben. Alle Farbgene sind rezessiv (schwächer als ihr Hauptgen), wodurch sich das Tier für Reinerbigkeitstests eignet. Darauf begründet sich auch der Name Separator (lateinisch: separare = trennen, spalten)

Verbreitung

Deutschland, Europa

Kennzeichnende Rassemerkmale

Die kleine Rasse wirkt recht kompakt. Das Besondere ist die Deckfarbe: ein helles, sandfarbenes Gelbbraun mit lichtblauem (fehfarbigem) Anflug. Die Bauchfarbe spielt ins Bläuliche hinein

Farbenschläge

Keine weiteren

Haltungsanforderung

Geräumige, saubere Ställe entsprechend der Größe einer kleinen Rasse

Besonderheiten

Das Idealgewicht beträgt 3,0–3,75 kg

Beige

Herkunft

Niederlande. Ein Taubenzüchter namens Sproyt entwickelte diese Rasse aus Havannakaninchen

Verbreitung

Niederlande sowie nach dem Europastandard in mindestens zwei weiteren Ländern

Kennzeichnende Rassemerkmale

Der Körper ist gedrungen, walzenförmig. Die Läufe sind mittellang und kräftig. Die Deckfarbe ergibt sich aus einer Mischung von blauen und gelben Haaren in Pastell. Die Ohrenlänge beträgt im Idealfall 10–12 cm, die Krallenfarbe ist eine helle Hornfärbung

Farbenschläge

Keine weiteren

Haltungsanforderung

Ställe entsprechend der Größe einer kleinen Rasse

Besonderheiten

Das Gewicht liegt zwischen 2,5 und 3,5 kg

Blaue Holicer

Herkunft

Tschechien

Verbreitung

Im Europastandard erfasst

Kennzeichnende Rassemerkmale

Ein kurzer, breiter und gut abgerundeter Kopf passt zum walzenförmigen, leicht gedrungenen Körper. Die Deckfarbe ist am ganzen Körper ein helles Stahlblau, darf am Bauch matter sein. Die Behaarung ist sehr dicht im Unterhaar. Die Augen sind blaugrau

Farbenschläge

Keine weiteren

Haltungsanforderung

Geräumige Ställe entsprechend der Größe der kleinen Rasse. Schutz vor Ausbleichen der Fellfarbe durch Sonnenbestrahlung

Besonderheiten

Idealgewicht im Europastandard 2,5–3,5 kg, im tschechischen Standard Höchstgewicht 3,25 kg

DEUTSCHE KLEINWIDDER (DKIW)

Herkunft

Der Deutsche Kleinwidder ist seit 1973 anerkannt. Er ist ein verkleinerter Typ des Deutschen Widders

Verbreitung

Deutschland und Europa (Standards anderer Länder können kleine Unterschiede aufweisen)

Kennzeichnende Rassemerkmale

Die Merkmale des Typs sind wie bei seinem großen Bruder (Deutsche Widder, ab Seite 60) standardisiert. Die Behanglänge ist mit 32–34 cm ideal

Farbenschläge

Wie große Widderkaninchen. Nach jüngster Anerkennung auch die Farben der Schwarzgrannen und Rhön

Haltungsanforderung

Geräumige, saubere Ställe entsprechend einer kleinen Rasse

Besonderheiten

Das Idealgewicht beträgt 3,0–3,5 kg. Die Rasse eignet sich als Schmusetier für Kinder ab etwa acht Jahren

Kleinchinchillas (KlCh)

Herkunft

Das Kleinchinchilla verdankt seinen Namen der Fellähnlichkeit mit den Chinchillas, die zu den Meerschweinchen zählen

Verbreitung

Deutschland, Europa

Kennzeichnende Rassemerkmale

Der Körper ist gedrungen, walzenförmig. Die Deckfarbe ist ein bläulich schimmerndes, helles Aschgrau, verursacht durch weißschwarze Deckhaare, über die schwarze Grannenhaare büschelweise hervorragen. Daraus ergibt sich eine gewisse „flockige Schattierung". Die Jungtiere werden blauschwarz geboren

Farbenschläge

Keine weiteren

Haltungsanforderung

Geräumige, saubere Ställe entsprechend der Größe einer kleinen Rasse

Besonderheiten

Das Idealgewicht liegt zwischen 2,75 und 3,25 kg. Die Rasse basiert auf einer Mutation: Das Chinchillakaninchen hat zwar ein wildfarbenes Fell, jedoch ohne jeglichen Gelbanteil

Deilenaar (DL)

Herkunft

Niederlande

Verbreitung

Deutschland, Europa

Kennzeichnende Rassemerkmale

Der Körper ist gedrungen und zeigt eine mittelhohe Stellung. Die Deckfarbe ist durch ein kräftiges Rotbraun im Wildfell gekennzeichnet. Darüber liegt eine schwarze Schattierung. Bauch, Kinn und Blumenunterseite sind lohfarbig (rot) getönt, Krallen und Augen sind dunkelbraun

Farbenschläge

Keine weiteren

Haltungsanforderung

Geräumige Ställe entsprechend der Größe einer kleinen Rasse

Besonderheiten

Das Idealgewicht liegt zwischen 2,75 und 3,25 kg

Marburger Feh (MF)

Herkunft

Deutschland

Verbreitung

Deutschland, mindestens in Europa

Kennzeichnende Rassemerkmale

Die Deckfarbe ist am ganzen Körper ein sanft abgetöntes lichtes Blau, über das sich ein zart bräunlicher Schleier breitet, der an Kopf, Ohren und Läufen stärker in Erscheinung tritt. Die Bauchfarbe ist etwas matter. Das Farbenspiel resultiert aus einer Kombination der Anlagen Blau und Havanna (Havannabraun)

Farbenschläge

Keine weiteren

Haltungsanforderung

Geräumige Ställe entsprechend der Größe einer kleinen Rasse

Besonderheiten

Das Idealgewicht liegt zwischen 2,75 und 3,25 kg

SACHSENGOLD (SaG)

Herkunft

Meißen in Deutschland

Verbreitung

Deutschland, mindestens in Europa

Kennzeichnende Rassemerkmale

Kennzeichnend für diese Rasse ist das dichte Fell und die leuchtende, satt rotgelbe Farbe

Farbenschläge

Keine weiteren

Haltungsanforderung

Geräumige Ställe entsprechend der Größe einer kleinen Rasse

Besonderheiten

Das Idealgewicht liegt zwischen 2,75 und 3,25 kg

RHÖNKANINCHEN (Rh)

Herkunft

Deutschland, Thüringen

Verbreitung

Deutschland, mindestens in Europa

Kennzeichnende Rassemerkmale

Die unregelmäßige Zeichnung durch Flecken und Streifen, die an einen Birkenstamm erinnert. Es handelt sich um eine Kombinationsrasse, bei der sowohl Chinchilla- als auch Japanerfaktoren eine Rolle spielen

Farbenschläge

Keine weiteren

Haltungsanforderung

Geräumige Ställe entsprechend der Größe einer kleinen Rasse

Besonderheiten

Das Idealgewicht liegt zwischen 2,75 und 3,25 kg. Eine interessante Zucht, die viele Betrachter ins Staunen versetzt

Luxkaninchen (L)

Herkunft

Karl Hoffmann, Düsseldorf, erhielt 1918 aus der Kreuzung von Marburger Feh und Perlfeh einige gelbliche Tiere, mit denen er weiterzüchtete. 1919 zeigte er die Rasse in Düsseldorf zum ersten Mal der Öffentlichkeit

Verbreitung

In Deutschland zumeist eher schwach verbreitet, in anderen Ländern auch als Luchskaninchen. Den ursprünglichen Namen Luchs änderte man in Lux(licht), da die Fellfarbe nicht der eines echten Luchses entspricht

Kennzeichnende Rassemerkmale

Es ist die Deckfarbe, die ein helles, silberähnliches Blau zeigt, durch welches eine bräunlich rote Zwischenfarbe hindurchscheint

Farbenschläge

Keine weiteren

Haltungsanforderung

Geräumige Ställe entsprechend der Größe einer kleinen Rasse

Besonderheiten

Das Idealgewicht liegt zwischen 2,5 und 3,25 kg. Während ihrer Entwicklung verändern die Tiere mehrmals ihre Farbe. So kommt es vor, dass die sonst reinweiße Unterfarbe bläulich wird

PERLFEH (Pf)

Herkunft

Deutschland. Die Rasse in ihrer heutigen Form besteht seit 1936. Das Zuchtziel bestand ursprünglich darin, das Fell des sibirischen Eichhörnchens (Feh) nachzugestalten

Verbreitung

Deutschland; ebenso in anderen Ländern, doch sind Gewichtsunterschiede möglich

Kennzeichnende Rassemerkmale

Das wesentliche Merkmal ist die blau-wildfarbige Deckfarbe mit einer aparten Perlung. Diese wird durch hell- und dunkelgespitzte Grannenhaare hervorgerufen. Ein bräunlicher Nackenkeil und helle Partien an Kinn, Brust und Läufen wirken kontrastreich

Farbenschläge

Keine weiteren

Haltungsanforderung

Geräumige Ställe entsprechend der Größe einer kleinen Rasse

Besonderheiten

Das Idealgewicht liegt zwischen 2,5 und 3,25 kg. Während ihrer Entwicklung verändern die Tiere mehrmals ihre Farbe. So kommt es vor, dass die sonst reinweiße Unterfarbe bläulich wird

Kleinsilber, schwarz (KIS)

Herkunft

Erstmals wurde eine Silberung des Haares im 17. Jahrhundert bei wildfarbenen Gehegekaninchen beobachtet. Diese Mutation inspirierte 1820 englische Züchter zur planmäßigen Reinzucht des Grausilber. 1892 kamen die ersten Grausilber, 1912 die ersten Gelbsilber nach Deutschland

Verbreitung

Die kleinen Silberrassen sind allgemein gut verbreitet

Kennzeichnende Rassemerkmale

Der Effekt der Silberung auf einem schwarzbehaarten Tier

Farbenschläge

Jeder Farbenschlag gilt als eigenständige Rasse. Jungtiere werden einfarbig geboren. Die Silberung erscheint nach der Umhaarung und ist erst bei Eintritt der Geschlechtsreife beendet

Haltungsanforderung

Geräumige Ställe entsprechend der Größe einer kleinen Rasse. Starke Sonneneinstrahlung meiden; ebenso ist auf eine saubere Haltung zu achten, da auch Urin das farbige Fell bleicht

Besonderheiten

Das Idealgewicht liegt zwischen 2,5 und 3,25 kg

KLEINSILBER, BLAU (KIS)

Herkunft

Ursprungsland ist England (siehe Kleinsilber, schwarz)

Verbreitung

Die kleinen Silberrassen sind allgemein gut verbreitet

Kennzeichnende Rassemerkmale

Der Effekt der Silberung auf einem blaubehaarten Tier

Farbenschläge

Jeder Farbenschlag der kleinen Gesilberten gilt als eigenständige Rasse. Alle Kleinsilberrassen werden einfarbig geboren. Die Silberung erscheint nach der Umhaarung und ist erst bei Eintritt der Geschlechtsreife beendet

Haltungsanforderung

Geräumige Ställe entsprechend der Größe einer kleinen Rasse. Starke Sonneneinstrahlung meiden; ebenso ist auf eine saubere Haltung zu achten, da auch Urin das farbige Fell bleicht

Besonderheiten

Das Idealgewicht liegt zwischen 2,5 und 3,25 kg

Kleinsilber, Havanna (KIS)

Herkunft
Ursprungsland ist England (siehe Kleinsilber, schwarz)

Verbreitung
Die kleinen Silberrassen sind allgemein gut verbreitet

Kennzeichnende Rassemerkmale
Der Effekt der Silberung auf einem braunbehaarten Tier

Farbenschläge
Jeder Farbenschlag der kleinen Gesilberten gilt als eigenständige Rasse. Alle Kleinsilberrassen werden einfarbig geboren. Die Silberung erscheint nach der Umhaarung und ist erst bei Eintritt der Geschlechtsreife beendet

Haltungsanforderung
Geräumige Ställe entsprechend der Größe einer kleinen Rasse. Starke Sonneneinstrahlung meiden; ebenso ist auf eine saubere Haltung zu achten, da auch Urin das farbige Fell bleicht

Besonderheiten
Das Idealgewicht liegt zwischen 2,5 und 3,25 kg

Kleinsilber, gelb (KlS)

Herkunft

Ursprungsland ist England (siehe Kleinsilber, schwarz)

Verbreitung

Die kleinen Silberrassen sind allgemein gut verbreitet

Kennzeichnende Rassemerkmale

Der Effekt der Silberung auf einem gelbbehaarten Tier

Farbenschläge

Jeder Farbenschlag der kleinen Gesilberten gilt als eigenständige Rasse. Alle Kleinsilberrassen werden einfarbig geboren. Die Silberung erscheint nach der Umhaarung und ist erst bei Eintritt der Geschlechtsreife beendet

Haltungsanforderung

Geräumige Ställe entsprechend der Größe einer kleinen Rasse. Starke Sonneneinstrahlung meiden; ebenso ist auf eine saubere Haltung zu achten, da auch Urin das farbige Fell bleicht

Besonderheiten

Das Idealgewicht liegt zwischen 2,5 und 3,25 kg

Kleinsilber, Graubraun (KlS)

Herkunft

Ursprungsland ist England (siehe Kleinsilber, schwarz)

Verbreitung

Die kleinen Silberrassen sind allgemein gut verbreitet

Kennzeichnende Rassemerkmale

Der Effekt der Silberung auf einem wildfarbenen Tier

Farbenschläge

Jeder Farbenschlag der kleinen Gesilberten gilt als eigenständige Rasse. Alle Kleinsilberrassen werden einfarbig geboren. Die Silberung erscheint nach der Umhaarung und ist erst bei Eintritt der Geschlechtsreife beendet

Haltungsanforderung

Geräumige Ställe entsprechend der Größe einer kleinen Rasse. Starke Sonneneinstrahlung meiden; ebenso ist auf eine saubere Haltung zu achten, da auch Urin das farbige Fell bleicht

Besonderheiten

Das Idealgewicht liegt zwischen 2,5 und 3,25 kg

Kleinsilber, hell (KIS)

Herkunft

Ursprungsland ist England (siehe Kleinsilber, schwarz)

Verbreitung

Die kleinen Silberrassen sind allgemein gut verbreitet

Kennzeichnende Rassemerkmale

Der Effekt der starken Silberung

Farbenschläge

Jeder Farbenschlag der kleinen Gesilberten gilt als eigenständige Rasse. Alle Kleinsilberrassen werden einfarbig geboren. Die Silberung erscheint nach der Umhaarung und ist erst bei Eintritt der Geschlechtsreife beendet

Haltungsanforderung

Geräumige Ställe entsprechend der Größe einer kleinen Rasse. Starke Sonneneinstrahlung meiden; ebenso ist auf eine saubere Haltung zu achten, da auch Urin beim gesilberten Haar einen unschönen Braunton verursacht

Besonderheiten

Das Idealgewicht liegt zwischen 2,5 und 3,25 kg

Englische Schecken (ESch)

Herkunft

England. Es handelte sich um eine reine Sportzucht, denn das Hauptaugenmerk legte man auf die feine, exakte Zeichnung. Nach Deutschland kamen die ersten dieser Tiere im Jahre 1900. Gescheckte Kaninchen sind seit dem 16. Jahrhundert bekannt

Verbreitung

Deutschland und europaweit

Kennzeichnende Rassemerkmale

Kopfzeichnung: „Schmetterling" an der Schnauzpartie, Augenringe, Backenpunkte und Ohrenzeichnung. Rumpfzeichnung: dazu gehören der Aalstrich, die beidseitigen Ketten, welche im Idealfall in ihrem Verlauf die Form eines Posthorns bilden. Feine Gliedmaßen und die leicht gestreckte Körperform unterstreichen den Sporttyp

Farbenschläge

Schwarz-Weiß, Blau-Weiß, Thüringerfarbig-Weiß, Dreifarbig-Weiß (wie bei Rheinischen Schecken)

Haltungsanforderung

Geräumige, saubere Ställe entsprechend der Größe einer kleinen Rasse

Besonderheiten

Das Idealgewicht liegt zwischen 2,5 und 3,25 kg

HOLLÄNDER, BLAU-WEIß (H)

Herkunft

Ausgangspunkt war das Brabanter Kaninchen, ein mittelschweres Landkaninchen mit starken, weißen Abzeichen, das in der Provinz Brabant weit verbreitet war. Im Jahre 1891 wurde die Rasse erstmals vom Kaninchenzüchterverein Chemnitz ausgestellt

Verbreitung

Weltweit unter den Namen Holländer bzw. Dutch Rabbits

Kennzeichnende Rassemerkmale

Einzigartige Kopf- und Rumpfzeichnung auf weißem Grund: Es entsteht sozusagen der Eindruck als trüge das Tier eine farbige Hose, ein weißes Hemd und eine farbige Mütze

Farbenschläge

Zwölf in Deutschland

Haltungsanforderung

Geräumige, saubere Ställe in der Größe einer kleinen Rasse

Besonderheiten

Das Idealgewicht liegt zwischen 2,5 und 3,25 kg. Der kurze, gedrungene Körper hat im Lauf der Jahre die Oberhand gewonnen. Erzüchtet wurden sie als Sporttyp, der grazil wirken sollte

HOLLÄNDER, BLAU-GELB-WEIß (H)

Herkunft

Siehe Holländer, blau-weiß

Verbreitung

Im Europastandard enthalten

Kennzeichnende Rassemerkmale

Neben der Kopf- und Rumpfzeichnung werden bei den dreifarbigen Holländern noch innerhalb der Zeichnungsbereiche variable Farbteilungen von Blau und Gelb (Japanerkaninchen) gefordert

Farbenschläge

In Deutschland zwölf, in anderen Ländern bis zu 20 Farbenschläge

Haltungsanforderung

Geräumige, saubere Ställe in der Größe für kleine Rassen

Besonderheiten

Das Idealgewicht liegt zwischen 2,5 und 3,25 kg. Der kurze, gedrungene Körper hat im Lauf der Jahre die Oberhand gewonnen. Erzüchtet wurde die kleine Rasse erstrangig als Sporttyp, der grazil wirken sollte

HOLLÄNDER, BRAUN-GELB-WEIß (H)

Herkunft

Siehe Holländer, blau-weiß

Verbreitung

Im Europastandard enthalten; in Deutschland nicht anerkannt

Kennzeichnende Rassemerkmale

Neben der Kopf- und Rumpfzeichnung werden bei den dreifarbigen Holländern noch innerhalb der Zeichnungsbereiche variable Farbteilungen von Braun und Gelb (Japanerkaninchen) gefordert

Farbenschläge

In Deutschland zwölf, in anderen Ländern bis zu 20 Farbenschläge

Haltungsanforderung

Geräumige, saubere Ställe in der Größe für kleine Rassen

Besonderheiten

Das Idealgewicht liegt zwischen 2,5 und 3,25 kg. Der kurze, gedrungene Körper hat im Lauf der Jahre die Oberhand gewonnen. Erzüchtet wurde die kleine Rasse erstrangig als Sporttyp, der grazil wirken sollte

HOLLÄNDER, SCHWARZ-GELB-WEIß (H)

Herkunft

Siehe Holländer, blau-weiß. Die schwarz-gelb-weiß gefärbte Variante ist Ausgangsfarbenschlag für die anderen dreifarbigen Holländerkaninchen

Verbreitung

Weltweit

Kennzeichnende Rassemerkmale

Neben der Kopf- und Rumpfzeichnung werden bei den dreifarbigen Holländern noch innerhalb der Zeichnungsbereiche variable Farbteilungen von Schwarz und Gelb (Japanerkaninchen) gefordert

Farbenschläge

In Deutschland zwölf, in anderen Ländern bis zu 20 Farbenschläge

Haltungsanforderung

Geräumige, saubere Ställe in der Größe für kleine Rassen

Besonderheiten

Das Idealgewicht liegt zwischen 2,5 und 3,25 kg. Erzüchtet wurde die kleine Rasse erstrangig als Sporttyp, der grazil wirken sollte

LOHKANINCHEN, SCHWARZ (Loh)

Herkunft

England. Der englische Name der Rasse lautet „Black-and-tan“ und war bis etwa 1920 auch in Deutschland gebräuchlich. Es war ein sächsischer Züchter, der die Rasse nach Deutschland einführte

Verbreitung

Europaweit

Kennzeichnende Rassemerkmale

Eine aparte Rasse mit einem kurzgedrungenen Körper. Das dargestellte Lohkaninchen, schwarz weist eine intensive, reinschwarze Deckfarbe auf. Die lohfarbigen Rassemerkmale heben sich klar von der Deckfarbe ab

Farbenschläge

Schwarzloh, Blauloh, Braunloh, seit dem Jahr 2004 in Deutschland Fehloh sowie Loh, gouwenaar

Haltungsanforderung

Geräumige, saubere Ställe entsprechend der Größe einer kleinen Rasse. Vorsicht vor der bleichenden Wirkung der Sonne

Besonderheiten

Das Idealgewicht liegt zwischen 2,5 und 3,25 kg

LOHKANINCHEN, FEHFARBIG (Loh)

Herkunft

England. In Deutschland seit dem Jahr 2004 als vierter Farbenschlag anerkannt

Verbreitung

Europaweit

Kennzeichnende Rassemerkmale

Die Deckfarbe ist am ganzen Körper ein helleres Blaugrau ähnlich der Deckfarbe der Marburger Feh. Die lohfarbigen Abzeichen heben sich klar von der Deckfarbe ab

Farbenschläge

Schwarzloh, Blauloh, Braunloh, Fehloh und Loh, gouwenaar

Haltungsanforderung

Geräumige, saubere Ställe entsprechend der Größe einer kleinen Rasse. Vorsicht vor der bleichenden Wirkung der Sonne

Besonderheiten

Das Idealgewicht liegt zwischen 2,5 und 3,25 kg

Lohkaninchen, Gouwenaarfarbig (Loh)

Herkunft
England; dieser Farbenschlag in den Niederlanden

Verbreitung
Niederlande

Kennzeichnende Rassemerkmale
Die Deckfarbe dieser Rasse ist ein zart abgetöntes Blaugrau ähnlich der Fehloh in Deutschland. Die lohfarbigen Rassemerkmale heben sich klar von der Deckfarbe ab. Die Augenfarbe ist blaugrau

Farbenschläge
Schwarzloh, Blauloh, Braunloh, Fehloh, Gouwenaarfarbig

Haltungsanforderung
Geräumige, saubere Ställe entsprechend der Größe einer kleinen Rasse. Vorsicht vor der bleichenden Wirkung der Sonne

Besonderheiten
Das Idealgewicht liegt zwischen 2,5 und 2,75 kg, Höchstgewicht 3,25 kg

Marderkaninchen (M)

Herkunft

Marderkaninchen wurden mit dem Ziel erzüchtet, eine Imitation des Steinmarderfells zu erreichen. Auf diese Weise entstand ebenso das Große Marderkaninchen (siehe Seite 104)

Verbreitung

Deutschland, in einigen Ländern Europas (Europastandard)

Kennzeichnende Rassemerkmale

Die Rassemerkmale sind wie bei den Großen Mardern standardisiert. Zu den dunklen Abzeichen zählen: die Maske, Augeneinfassung und Schnauzpartie. Auch Ohren, Blume, die Läufe sowie Seiten- und Schulterpartien und ein Rückenstreifen sind dunkler als die grundlegende Fellfarbe

Farbenschläge

Braun, Blau

Haltungsanforderung

Geräumige Ställe für eine leicht gedrungene, kleine Rasse

Besonderheiten

Marderkaninchen sind Teilalbinos. Die Zucht unterliegt der gesetzmäßigen Spalterbigkeit; nur die spalterbige Nachzucht entspricht dem Standardbild (schönste Färbung im Alter von etwa 7–9 Monaten)

SIAMESEN (Si)

Herkunft

Die junge Rasse wurde in Ostdeutschland erzüchtet und 1991 als Rasse in den Einheitsstandard übernommen

Verbreitung

Deutschland, in einigen Ländern Europas (Europastandard)

Kennzeichnende Rassemerkmale

Die Deckfarbe ist je nach Farbenschlag ein helles, cremefarbenes Gelbbraun oder Blaubraun, das seitlich in einen helleren Ton übergeht. Dunkler sind die Schultern und die Schenkel, heller abgetönt die Brust, der Bauch und der Beckenbereich. Über den Rücken verläuft ein dunklerer Streifen von etwa 8 cm Breite

Farbenschläge

Gelb, Blau

Haltungsanforderung

Geräumige Ställe entsprechend der Größe der leicht gedrungenen Rasse

Besonderheiten

Entsprechend den Marderkaninchen. Das Idealgewicht liegt zwischen 2,5 und 3,25 kg

Schwarzgrannen (SchwGr)

Herkunft

Die Rasse entstand etwa 1960 in Deutschland und wurde in Ostdeutschland zu einer attraktiven Kleinrasse entwickelt. In Westdeutschland geriet sie vorübergehend in Vergessenheit

Verbreitung

Deutschland, in einigen Ländern Europas (Europastandard)

Kennzeichnende Rassemerkmale

Der Körper ist gedrungen, walzenförmig und das Tier weist eine mittelhohe Stellung auf, das heißt, wenn das Tier sitzt, muss noch eine Bodenfreiheit zwischen Tier und Unterlage gegeben sein. Die Deckfarbe ist weiß. Das eigentliche Rassemerkmal sind die möglichst gleichmäßig auftretenden schwarzen Grannenspitzen der Decke, während die Unterfarbe und die Bauchfarbe reinweiß sind. Erwünscht ist eine hellere (mit wenigen schwarzgespitzten Grannen) bis mittlere Schattierung

Farbenschläge

Nur diese Farbvariante

Haltungsanforderung

Geräumige Ställe entsprechend der Größe einer kleinen Rasse

Besonderheiten

Das Idealgewicht liegt zwischen 2,5 und 3,25 kg

Thrianta

Herkunft
Niederlande

Verbreitung
In den Europastandard aufgenommen, nicht in Deutschland als Rasse anerkannt

Kennzeichnende Rassemerkmale
Der kleine, kurze und gedrungene Körperbau. Das kräftige Orangerot der Behaarung

Farbenschläge
Keine weiteren

Haltungsanforderung
Geräumige Ställe entsprechend der Größe einer kleinen Rasse

Besonderheiten
Das Idealgewicht liegt zwischen 2,5 und 3,0 kg

Perlgraue von Halle
Gris Perle de Hall

Herkunft
Wahrscheinlich Belgien. Die Rasse war fast in Vergessenheit geraten und wird nach einem alten Standard gezüchtet

Verbreitung
Belgien und angrenzende Länder

Kennzeichnende Rassemerkmale
Deckfarbe und ein harmonischer Körper auf feingliedrigen, kurzen Läufen sind die Rassemerkmale. Trotz der erbbiologischen Grundlage, auf der auch Gouwenaar und Marburger Feh gezüchtet werden, gibt es Streitpunkte. Das Fell soll ein zart abgetöntes, lichtes Graublau mit einem Platinglanz aufweisen, die Augen eine braune Iris haben. Genetisch ist eine solche Kombination nicht möglich

Farbenschläge
Keine weiteren

Haltungsanforderung
Geräumige Ställe entsprechend der Größe einer kleinen Rasse

Besonderheiten
Das Idealgewicht liegt zwischen 2,25 und 2,5 kg

Russen (R)

Herkunft

Kaninchen mit der charakteristischen Russen-Zeichnung waren bereits im 17. Jahrhundert in Frankreich bekannt und gelangten über England nach Deutschland; hier seit 1885 als Rasse geführt

Verbreitung

In Deutschland, im europäischen Raum (Europastandard) und wahrscheinlich weltweit

Kennzeichnende Rassemerkmale

Zeichnungsmerkmale wie beim Kalifornier (siehe Seite 106). Der Körper ist leicht gedrungen, das Fell ist insgesamt recht dicht und hat eine feine Struktur

Farbenschläge

Schwarz-Weiß, Blau-Weiß

Haltungsanforderung

Geräumige Ställe entsprechend der Größe der recht kleinen Rasse

Besonderheiten

Mindestgewicht bei 1,75 kg, das Idealgewicht liegt zwischen 2,25 und 3,0 kg

Steinkaninchen

Steenkonijn

Herkunft

Belgien

Verbreitung

Außerhalb von Belgien werden Steinkaninchen kaum gezüchtet

Kennzeichnende Rassemerkmale

Die kleine Rasse ist gedrungen, der kurze Kopf scheint dem Körper direkt aufzusitzen, so dass der Hals nicht sichtbar wird. Das Fellkleid besteht aus kurzem, dichtem Normalhaar. Die Ohrenlänge beträgt 10 cm

Farbenschläge

Hasengrau, Wildgrau, Dunkelgrau

Haltungsanforderung

Geräumige, saubere Ställe entsprechend der Größe und dem Bewegungsdrang der Rasse

Besonderheiten

Das Gewicht wird mit 2–3 kg angegeben, wobei das Idealgewicht nicht über 2,5 kg liegen sollte. Steinkaninchen gelten als ideale Haustiere für Kinder

Kastanienbraune Lothringer (KbrLot) Brun Marron de Lorraine

Herkunft

Dieses kleine Kaninchen stammt ursprünglich aus Frankreich (Brun Marron de Lorraine); seit 2001 in Deutschland anerkannt

Verbreitung

Im europäischen Raum (im Europastandard unter deutschem und französischem Namen)

Kennzeichnende Rassemerkmale

Das Merkmal ist die unverfälscht urtypisch wirkende, leicht gestreckte Form, die an den Wildtyp erinnert. Das Fell ist hasenfarbig, kurz, dicht und hat eine feine Granne

Farbenschläge

Keine weiteren

Haltungsanforderung

Geräumige Ställe entsprechend der Größe der recht kleinen Rasse

Besonderheiten

Mit einem Idealgewicht zwischen 2,0 und 2,5 kg ist dies noch eine kleine Rasse und zählt nicht zu den Zwergrassen

Hulstlander

Herkunft

Niederlande. Eine junge Rasse, die 1984 als Rasse anerkannt wurde

Verbreitung

Niederlande, in anderen Ländern wird sie kaum gezüchtet

Kennzeichnende Rassemerkmale

Eine kleine Rasse mit einem kurzen Körper, die den so genannten geblockten Typ verkörpert. Das reinweiße Haar ist dicht und glänzend, die Iris blau und die Krallen farblos (weiß). Die passende Ohrlänge wird mit 9 cm angegeben

Farbenschläge

Keine weiteren

Haltungsanforderung

Geräumige, saubere Ställe entsprechend der Größe und dem Bewegungsdrang der Rasse

Besonderheiten

Das Gewicht wird mit 2,5 kg angegeben. Aufgrund des Temperaments der Rasse, gilt sie als Haustier für Kinder als nicht geeignet

ZWERGWIDDER (ZwW)

Herkunft
Niederlande

Verbreitung
Deutschland, Europa bis weltweit

Kennzeichnende Rassemerkmale
Der Widdertyp mit seinem Behang (Hängeohrigkeit) mit einer Ideallänge der Ohren von 24–28 cm sowie die markante Blockigkeit des Körpers

Farbenschläge
In Deutschland analog der zugelassenen Farbenschläge des Deutschen Kleinwidders (siehe Seite 168) (Abb.: Weiß, rotäugig)

Haltungsanforderung
Geräumige Ställe entsprechend der Größe der kleinen Rassen

Besonderheiten
Zwergwidder sind noch nicht die kleinste Kaninchenrasse, eher die Zwerge der Widder. Es handelt sich um ruhige Tiere mit gutmütigem Charakter, die sich auch gut als Heimtier für Kinder eignen. Ideales Körpergewicht: 1,5–1,9 kg

ZWERGSCHECKEN (ZwSch)

Herkunft

Die Zwergschecken sind die kleinste Form des Scheckenkaninchens. In Deutschland wurden sie 2002 als Rasse anerkannt

Verbreitung

Europaweit (Europastandard)

Kennzeichnende Rassemerkmale

Auffällig sind der kleine, gedrungene Körper, die platte Schnauzpartie und die kurzen Ohren von unter 8 cm Länge. Die Zeichnung ist analog der Kleinschecken (siehe Seite 160) zu sehen

Farbenschläge

Schwarz-Weiß, Blau-Weiß, Havanna-Weiß und dreifarbig wie die Rheinischen Schecken (Abb.: Schwarz-Weiß)

Haltungsanforderung

Die tierschutzgerechte Mindestgröße des Einzelstalls (Breite 60 cm x Tiefe 60 cm x Höhe 50 cm) sollte auf jeden Fall eingehalten werden

Besonderheiten

Die Zwergschecken sind – trotz der schon kurzen Ohren – merklich größer als die Farbenzwerge. Ihr Mindestgewicht beträgt 1,2 kg, das Normalgewicht liegt über 1,4 kg bis zu einem Höchstgewicht von 1,8 kg

HERMELIN (He)

Herkunft

Das Hermelinkaninchen war die erste und damit älteste Rasse im Zwergformat überhaupt. In Deutschland wird sie seit 1918 gezüchtet

Verbreitung

Europa und weltweit (Europastandard)

Kennzeichnende Rassemerkmale

Hermeline sind die echten Zwerge. Auffällig sind der kleine, gedrungene Körper auf kurzen Läufen, der markante, fast runde Kopf mit leicht hervortretenden Augen. Die sehr kurzen Ohren von unter 7 cm (Ideallänge: 5,5 cm) setzen dem Zwerg „die Krone auf"

Farbenschläge

Abb.: weißes Tier mit blauen Augen

Haltungsanforderung

Die tierschutzgerechte Mindestgröße des Einzelstalls (Breite 60 cm x Tiefe 60 cm x Höhe 50 cm) sollte auf jeden Fall eingehalten werden

Besonderheiten

Das Hermelin hat als echte Zwergrasse ein Idealgewicht von 1,1–1,35 kg; das Mindestgewicht beträgt 1 kg und das Höchstgewicht 1,5 kg

Hermelin, rotäugig (He)

Herkunft

Nicht gesichert

Verbreitung

Europa und weltweit (Europastandard)

Kennzeichnende Rassemerkmale

Die Rassemerkmale sind wie beim Hermelin mit blauen Augen festgelegt (siehe Seite 234)

Farbenschläge

Abb.: weißes Tier mit roten Augen

Haltungsanforderung

Die tierschutzgerechte Mindestgröße des Einzelstalls (Breite 60 cm x Tiefe 60 cm x Höhe 50 cm) sollte auf jeden Fall eingehalten werden. Eine gute Abschattung der Ställe ist für die etwas lichtempfindlicheren Augen der Albinos zu empfehlen

Besonderheiten

Das Hermelin hat als echte Zwergrasse ein Idealgewicht von 1,1–1,35 kg; das Mindestgewicht beträgt 1 kg und das Höchstgewicht 1,5 kg

Farbenzwerge, grau (FbZw)

Herkunft

Das Hermelinkaninchen bildete den Grundstein für die Erzüchtung der Farbenzwerge, die schon 1940 als „Kleurdwerg" in den Niederlanden anerkannt wurden. Seit 1956 in Deutschland anerkannt

Verbreitung

Deutschland, Europa und wahrscheinlich weltweit

Kennzeichnende Rassemerkmale

Farbenzwerge sind ebenfalls echte Zwerge: Sie sind entsprechend klein und kompakt sowie mit kurzen Läufen und allen körperlichen Rassemerkmalen des Hermelin ausgestattet

Farbenschläge

Wer vermag die Varianten zu zählen? Fast jeder Farbenschlag der übrigen Kaninchenrassen hat ein Konterfei im Zwergformat (Abb.: Wildgrau)

Haltungsanforderung

Die tierschutzgerechte Mindestgröße des Einzelstalls für Zwergkaninchen sollte eingehalten werden

Besonderheiten

Farbenzwerge haben ein Idealgewicht von 1,1–1,35 kg und das Mindestgewicht beträgt 1 kg. Sie sollten niemals schwerer als 1,5 kg werden

FARBENZWERGE, SCHWARZ (FbZw)

Herkunft

Siehe Farbenzwerge, grau

Verbreitung

Deutschland, Europa und wahrscheinlich weltweit

Kennzeichnende Rassemerkmale

Farbenzwerge sind ebenfalls echte Zwerge. Die Rassemerkmale orientieren sich an denen der Hermelinkaninchen

Farbenschläge

Fast jeder Farbenschlag der übrigen Kaninchenrassen hat ein kleines Konterfei im Zwergformat

Haltungsanforderung

Die tierschutzgerechte Mindestgröße des Einzelstalls (Breite 60 cm x Tiefe 60 cm x Höhe 50 cm) sollte auf jeden Fall eingehalten werden

Besonderheiten

Die niedlichen, kleinen Farbenzwerge verleiten oft dazu, sie als Heimtier für Kinder anzuschaffen. Zwergkaninchen sind jedoch häufig wehrhafter als andere Rassen, weshalb sie in die Hände eines Kenners oder verantwortungsbewussten Tierhalters gehören

Polish Rabbit

Herkunft

Zur Herkunft dieser Rasse gibt es unterschiedliche Angaben: Dem Namen nach ist es eine englische Rasse, aber auch Belgien und Frankreich wird die Herauszüchtung dieser Rasse zugeschrieben

Verbreitung

Niederlande, Belgien, USA. In Deutschland ist die Rasse nicht zugelassen

Kennzeichnende Rassemerkmale

Kennzeichnend ist die vom extrem gedrungenen Zwergtyp abweichende Kleinheit und die entsprechende Farbe eines Farbenschlags. Die kurze, dichte und dem Körper gut anliegende Behaarung hat eine feine Struktur. Die Kopfform ist schlank

Farbenschläge

Anerkannt in allen bekannten Kaninchenfarben

Haltungsanforderung

Als tierschutzgerechte Boxengröße empfiehlt sich die des Einzelstalls für kleine Rassen, da diese Rasse einen großen Bewegungsdrang hat

Besonderheiten

Im Europastandard wird das Polish Rabbit bezüglich des Gewichts dem Hermelin gleichgestellt

Satinangora, rot (SaA)

Herkunft

Kanada. 1998 erster Import in die Schweiz. In Deutschland züchtet seit zwei Jahren eine Züchterin diese Rasse als Neuzucht

Verbreitung

USA und Kanada; in Europa selten

Kennzeichnende Rassemerkmale

Es ist die Kombination zweier Haararten an einem Tier: glänzendes, feines Satinhaar und das Angora-Wollvlies. Durch das dichte, lange Wollvlies mit hervortretendem Glanz können an einem Tier variierende Farbnuancen entstehen. Kopf bleibt kurzbehaart

Farbenschläge

Alle Kaninchenfarben der Normalhaarrassen sind möglich

Haltungsanforderung

Geräumige Stallanlagen. Schur nicht zwingend, die Wolle kann auch sanft beim Haarwechsel des Tieres entnommen werden

Besonderheiten

Normalgewicht 3,5 kg, Höchstgewicht noch variabel bis 5,25 kg. Jungtiere haben ein rotes Fellkleid; später in den langen Haarbereichen etwas heller. Mehr Informationen über diese beachtenswerte Rasse und über die bei Handspinnern begehrte, edle Wolle: www.satinangora.de

Satin-Elfenbein (SaE)

Herkunft

Durch eine Mutation der Fellbeschaffenheit in einem Wurf Havannakaninchen trat um 1930 in Nordamerika das erste Satinkaninchen auf. Das Tier fiel besonders durch sein weiches, feines Fell auf, das wie Seide glänzte. Seit 1973 in Deutschland anerkannt

Verbreitung

Weltweit in unterschiedlichen Farbvarianten

Kennzeichnende Rassemerkmale

Es ist der satinähnliche Glanz, der dieser Haarstrukturrasse ihren Namen gab. Dieser Glanz des Felles muss auffallend stark in Erscheinung treten und selbst beim Hineinblasen bis zur Wurzel sichtbar sein. Der Namenszusatz „Elfenbein" resultiert aus dem gelblichen Schimmer in der Behaarung

Farbenschläge

Satin-Elfenbein mit roten oder blauen Augen (Abb.: Albino)

Haltungsanforderung

Die tierschutzgerechte Mindestgröße des Einzelstalles für eine mittelgroße Rasse

Besonderheiten

Idealgewicht 3,5–4,0 kg, das Mindestgewicht beträgt 2,5 kg

Satin-Rot (SaRot)

Herkunft
Siehe Satin-Elfenbein

Verbreitung
Europaweit, insgesamt noch selten

Kennzeichnende Rassemerkmale
Die Deckfarbe ist ein intensives, glänzendes Rot, das die Farbe stärker wirken lässt, als bei einer vergleichbaren roten Normalhaarrasse. Die Kinnbacken, Augenringe, Innenseite der Läufe und die Unterseite der Blume sind cremefarbig. Die Farbe der Bauchdecke ist heller und matter als die Decke. Satin-Rot haben eine braune Iris

Farbenschläge
Satin-Rot mit brauner Iris

Haltungsanforderung
Die tierschutzgerechte Mindestgröße des Einzelstalles für eine mittelgroße Rasse

Besonderheiten
Idealgewicht 3,5–4,0 kg, das Mindestgewicht beträgt 2,5 kg

Satinzwerge

Herkunft

Die Herkunft ist nicht sicher bekannt. Unterschiedliche Quellen verweisen auf Pendleton/Kentucky

Verbreitung

Äußerst beliebte Rasse bei Heimtierhaltern. In Deutschland noch als Neuzucht geführt

Kennzeichnende Rassemerkmale

Die Deckfarbe ist ein intensives, glänzendes Rot, das die Farbe stärker wirken lässt, als bei einer vergleichbaren roten Normalhaarrasse

Farbenschläge

Durch Kreuzen mit anderen Rassen ist im Grunde jede beliebige Farbe möglich (Abb.: Rot)

Haltungsanforderung

Die tierschutzgerechte Mindestgröße des Einzelstalls für eine Zwergrasse

Besonderheiten

Die Gewichtsnormen entsprechen denen der Farbenzwerge (siehe Seite 238–241)

Castor-Rexe (CRex)

Herkunft

Frankreich. Der Castor-Rex ist an sich der Urtyp aller heutigen Rexrassen und deren Zwergformen. Das Rexhaar entstand durch Mutation. Die Granne, das härteste und ansonsten längste Haar unter den drei Haararten, steht kaum über das Deckhaar hinaus

Verbreitung

Rexkaninchen sind in den unterschiedlichsten Farben und Größen weit verbreitet

Kennzeichnende Rassemerkmale

Das Rassemerkmal ist das Kurzhaar sowie die bestechende Farbintensität eines Wildfells, das durch die Rexbehaarung an Brillanz gewinnt. Klare Farbenzonen der Unter- und Zwischenfarbe beeinflussen die Deckfarbe, ähnlich einer frisch geschälten Kastanie

Farbenschläge

Jede der Rexrassen gilt als eigenständige Rasse und nicht als Farbenschlag

Haltungsanforderung

Einzelstallgröße für eine mittelgroße Rasse

Besonderheiten

Das Idealgewicht des Castor-Rex beträgt 3,5–4,5 kg, das Mindestgewicht 2,5 kg

Loh-Rexe (LohRex)

Herkunft

Frankreich. Rexkaninchen werden etwa seit 1926 in Deutschland gezüchtet. Ihre Besonderheit besteht in der Kürze des Haares, das fast senkrecht steht und je nach Rassengröße nur 17–20 mm lang ist. Der Körper aller Rexrassen ist leicht gestreckt; Körpermerkmale (Skelett) werden durch das Kurzhaar hindurch eher sichtbar

Verbreitung

Rexkaninchen sind in den unterschiedlichsten Farben und Größen weit verbreitet

Kennzeichnende Rassemerkmale

Die lohfarbigen Rassemerkmale heben sich klar von der Deckfarbe ab. Bei Loh-Rexen wirken die Kontraste zwischen Deckfarbe und Lohe durch das kurze Haar noch intensiver als beim normalhaarigen Lohkaninchen

Farbenschläge

Schwarz, Blau, Havanna, Feh (Abb.: Blau)

Haltungsanforderung

Einzelstallgröße für eine mittelgroße Rasse

Besonderheiten

Das Idealgewicht beträgt 3–4 kg

FEH-REXE (FRex)

Herkunft

Rexkaninchen wurden ursprünglich in Frankreich erzüchtet. Woher die einzelnen Farbformen und Rassen stammen, ist nicht immer mit Bestimmtheit zu sagen

Verbreitung

Rexkaninchen sind in den unterschiedlichsten Farben und Größen weit verbreitet

Kennzeichnende Rassemerkmale

Kennzeichnend sind das Kurzhaar sowie eine Deckfarbe in zart getöntem, hellem Blau. Über der Decke liegt ein leichter bräunlicher Schimmer. Das normalhaarige „Gegenstück" ist die Rasse Marburger Feh

Farbenschläge

Jede der Rexrassen gilt als eigenständige Rasse und nicht als Farbenschlag

Haltungsanforderung

Einzelstallgröße für eine mittelgroße Rasse

Besonderheiten

Das Idealgewicht des Feh-Rex beträgt 3–4 kg, das als Richtmaß für eine gute Bewertung und Entwicklung zu verstehen ist

Dalmatiner-Rexe

Herkunft
Rexkaninchen wurden ursprünglich in Frankreich erzüchtet

Verbreitung
Rexkaninchen sind in den unterschiedlichsten Farben und Größen weit verbreitet

Kennzeichnende Rassemerkmale
Das Farbbild ist auch das Rassemerkmal dieses Typs aus der kurzhaarigen Vielfalt

Farbenschläge
Jede der Rexrassen gilt als eigenständige Rasse und nicht als Farbenschlag (Abb.: dreifarbig)

Haltungsanforderung
Einzelstallgröße für eine mittelgroße Rassen

Besonderheiten
Das Idealgewicht des Dalmatiner-Rex beträgt 3,5–4,5 kg

Zwerg-Rexe, Marderbraun (ZwRex)

Herkunft

Etwa 1960 begann die züchterische Gestaltung der Zwerg-Rexe. Man kann davon ausgehen, dass in jedem Land diese Zuchten farblich erweitert werden

Verbreitung

Deutschland, Europa und wahrscheinlich weltweit

Kennzeichnende Rassemerkmale

Kennzeichnend sind der Zwergtyp, die Haarstruktur sowie das Farbbild. Das Besondere ist das extrem kurze und senkrecht stehende Haar, das dem Fell bei einer Länge von 14 mm bis maximal 17 mm einen maulwurfartigen Eindruck verleiht

Farbenschläge

Gegenwärtig sind allein in Deutschland 16 Farbenschläge zugelassen

Haltungsanforderung

Einzelstallgröße für Zwergkaninchen

Besonderheiten

Das Idealgewicht aller Zwerg-Rexe beträgt 1,2–1,4 kg, das Mindestgewicht 1 kg

Zwerg-Rexe, schwarz (ZwRex)

Herkunft

Etwa 1960 begann die züchterische Gestaltung der Zwerg-Rexe. Man kann davon ausgehen, dass in jedem Land diese Zuchten farblich erweitert werden

Verbreitung

Deutschland, Europa und wahrscheinlich weltweit

Kennzeichnende Rassemerkmale

Kennzeichnend sind der kugelförmige Körper, die Ohrenlänge, die Haarart und Struktur sowie das Farbbild. Das Besondere ist das extrem kurze und senkrecht stehende Haar, das dem Fell bei einer Länge von 14 mm bis maximal 17 mm einen maulwurfartigen Eindruck verleiht

Farbenschläge

Gegenwärtig sind in Deutschland 16 Farbenschläge zugelassen

Haltungsanforderung

Einzelstallgröße für Zwergkaninchen

Besonderheiten

Das Idealgewicht aller Zwerg-Rexe beträgt 1,2–1,4 kg, das Mindestgewicht 1 kg

Zwerg-Rexe, castorfarbig (ZwRex)

Herkunft

Etwa 1960 begann die züchterische Gestaltung der Zwerg-Rexe. Man kann davon ausgehen, dass in jedem Land diese Zuchten farblich erweitert werden

Verbreitung

Deutschland, Europa und wahrscheinlich weltweit

Kennzeichnende Rassemerkmale

Kennzeichnend sind der Zwergtyp, die Haarstruktur sowie das Farbbild. Das Besondere ist das extrem kurze und senkrecht stehende Haar, das dem Fell bei einer Länge von 14 mm bis maximal 17 mm einen maulwurfartigen Eindruck verleiht

Farbenschläge

Gegenwärtig sind allein in Deutschland 16 Farbenschläge zugelassen

Haltungsanforderung

Einzelstallgröße für Zwergkaninchen

Besonderheiten

Das Idealgewicht aller Zwerg-Rexe beträgt 1,2–1,4 kg, das Mindestgewicht 1 kg

ANGORA, WEIß (A)

Herkunft

Langhaarkaninchen sind in England bereits seit dem 15. Jahrhundert bekannt. 1775 wurden die ersten Tiere in Deutschland eingeführt. Vielfach waren diese Tiere nicht weiß, sondern farbig

Verbreitung

Beliebt, weit verbreitet, doch die Zucht liegt in den Händen von Enthusiasten. Das Angora wird überwiegend als Albino gezüchtet

Kennzeichnende Rassemerkmale

Volles, immer nachwachsendes Wollvlies, Behänge an Kopf, Ohren und Läufen, genannt „Schönheitsmerkmale"

Farbenschläge

Weiße Farbenschläge können rot- oder blauäugig sein

Haltungsanforderung

Haltung und Pflege erfordern Fachkenntnisse: Der Stall sollte geräumig sein, manche Züchter halten die Tiere auf Rosten statt auf Stroh, damit Stroh und Einstreu sich nicht im Vlies festsetzen. Eine regelmäßige Schur der Tiere ist zwingend

Besonderheiten

Das Idealgewicht beträgt 3,5–5,25 kg. Wichtigste Kriterien sind Körpergröße und -form, Dichte, Wuchs und Kräuselung des Haares, Filzfreiheit, Rassemerkmale etc.

ANGORA, FARBIGE (A)

Herkunft

Farbige Angorakaninchen sind in Deutschland selten. Noch um 1900 gab es in Deutschland farbige Kaninchen mit langem Haar. Es ist davon auszugehen, dass sie damals nicht erbrein gezüchtet wurden

Verbreitung

Eher selten

Kennzeichnende Rassemerkmale

Wie weiße Angora. Zusätzlich ist die Farbe ein Rassemerkmal

Farbenschläge

Alle reinen Kaninchenfarben der normalhaarigen Rassen (Abb.: Schwarz)

Haltungsanforderung

Wie weiße Angora. Regelmäßige Schuren sind zwingend. Sie dienen der Tiergesundheit und Sauberkeit

Besonderheiten

Das Idealgewicht beträgt 3,5–5,25 kg. Jungtiere haben zunächst die Farbe, zu dessen Farbenschlag sie gehören. Erst mit zunehmendem Wachstum der Wolle verändert sich ihr Aussehen und nur in den kurzbehaarten Bereichen bleiben sie dunkler

Angorazwerge, weiß

Herkunft

Als Ursprungsland der Angorazwerge gilt Belgien

Verbreitung

Farbige Angorazwerge sind in Deutschland nicht zugelassen. Im Europastandard ist diese Rasse vertreten, zum Verbreitungsgrad gibt es keine Übersicht

Kennzeichnende Rassemerkmale

Kleine, gedrungene Tiere mit Langhaar: Wolllänge etwa 5 cm. Schönheitsmerkmale durch Büschelbildung wie beim großen Angora. Die Farbe wird wie bei einer großen Angorarasse beurteilt und zählt zu den Rassemerkmalen

Farbenschläge

Im Europastandard sind die Farbenschläge Weiß (rot- und blauäugig), Schwarz, Blau, Gelb und Havanna zugelassen

Haltungsanforderung

Wie große Angorakaninchen; die Stallgröße sollte für diesen Zwerg größer gewählt werden

Besonderheiten

Das Gewicht der Angorazwerge wird unterschiedlich benannt. Allgemein gilt das Richtmaß nach dem Europastandard: Mindestgewicht 1,1 kg, Idealgewicht 1,45–1,75 kg

Angorazwerge, gelb

Herkunft

Als Ursprungsland der Angorazwerge gilt Belgien

Verbreitung

Farbige Angorazwerge sind in Deutschland nicht zugelassen. Im Europastandard ist diese Rasse vertreten, zum Verbreitungsgrad gibt es keine Übersicht

Kennzeichnende Rassemerkmale

Kleine, gedrungene Tiere mit Langhaar: Wolllänge etwa 5 cm. Schönheitsmerkmale durch Büschelbildung wie beim großen Angora. Die Farbe wird wie bei einer großen Angorarasse beurteilt und zählt zu den Rassemerkmalen

Farbenschläge

Im Europastandard sind die Farbenschläge Weiß (rot- und blauäugig), Schwarz, Blau, Gelb und Havanna zugelassen

Haltungsanforderung

Wie große Angorakaninchen; die Stallgröße sollte für diesen Zwerg größer gewählt werden

Besonderheiten

Das Gewicht der Angorazwerge wird unterschiedlich benannt. Allgemein gilt das Richtmaß nach dem Europastandard: Mindestgewicht 1,1 kg, Idealgewicht 1,45–1,75 kg

ANGORAZWERGE, KONIJNGRIJS Angoradwerg

Herkunft

Ursprungsland Belgien. Die Angorazwerge werden wahrscheinlich in vielen Ländern in neuen Farben erzüchtet

Verbreitung

Niederlande, keine weitere Verbreitung bekannt

Kennzeichnende Rassemerkmale

Das Haar ist dicht, lang und gewellt. Konijngrijs ist eine helle, wildgraue Farbvariante der Schwarzwildfarbigkeit, bei der die Unterfarbe – auch die Bauchunterfarbe – kräftig Blau sein sollte

Farbenschläge

Im Europastandard sind viele Farbvarianten zugelassen

Haltungsanforderung

Wie große Angorakaninchen; die Stallgröße sollte für diesen Zwerg größer gewählt werden

Besonderheiten

Das Gewicht der Angorazwerge wird unterschiedlich benannt. Allgemein gilt das Richtmaß nach dem Europastandard: Mindestgewicht 1,1 kg, Idealgewicht 1,45–1,75 kg

FUCHSKANINCHEN, WEIß (Fu)

Herkunft

1920 in Coburg/Deutschland und parallel 1928 in Zug/Schweiz entstanden

Verbreitung

Weiße Fuchskaninchen mit roten oder blauen Augen sind häufig zu sehen; farbige Fuchsrassen sind eher selten

Kennzeichnende Rassemerkmale

Die Struktur des Langhaars sowie die Farbe sind das Hauptrassemerkmal bei weißen Fuchskaninchen. Die Haarstruktur ist glatt, die Länge beträgt 5–6 cm

Farbenschläge

Alle reinen Kaninchenfarben der normalhaarigen Rassen sind möglich, auch mit Silberung

Haltungsanforderung

Geräumige, saubere Ställe für eine mittlere Rasse. Die Tiere müssen nicht geschoren werden. Bei Fuchskaninchen mit roten Augen ist eine gute Beschattung empfehlenswert

Besonderheiten

Das Idealgewicht beträgt 3–4 kg. Jungtieren kann man bei der Haarung helfen, indem man ihnen den Bereich der Schenkel und des Schoßes schert, die beim Nesthaar stark zum Filzen neigen

FUCHSKANINCHEN, CHIN (Fu)

Herkunft

1920 in Coburg/Deutschland und parallel 1928 in Zug/Schweiz entstanden

Verbreitung

Farbige Fuchskaninchen sind eher selten

Kennzeichnende Rassemerkmale

Das Langhaar ist grannenreicher als beim Angora und unterliegt einer periodischen Haarung wie sie auch bei Kaninchen mit normalem Haar stattfindet. Die Haarstruktur ist glatt, die Länge beträgt 5–6 cm

Farbenschläge

Alle reinen Kaninchenfarben der normalhaarigen Rassen sind möglich, auch mit Silberung

Haltungsanforderung

Geräumige, saubere Ställe für eine mittlere Rasse. Da Sonneneinstrahlung das Haar bleicht, ist diese zu meiden

Besonderheiten

Farbige Jungtiere haben zunächst die satte Farbe der normalhaarigen Ausgangsrasse, in diesem Fall Chinchillakaninchen. Später hellt die Deckfarbe durch das Langhaar auf

Zwergfuchskaninchen, weiß (ZwFu)

Herkunft

Die Zwergfuchskaninchen wurden in der DDR bereits 1980 anerkannt, in der BRD 1985. Ziel der Züchtung war es, ein langhaariges Zwergkaninchen mit den Körpermerkmalen des Hermelins zu erschaffen

Verbreitung

Weiße Zwergfuchskaninchen mit roten oder mit blauen Augen sind häufig in Ausstellungen zu sehen

Kennzeichnende Rassemerkmale

Glänzend grannenreiches Langhaar zwischen 3,5–5,0 cm. Die Haarstruktur ist nicht gewellt. Kopf, Ohren, Läufe sind normalbehaart. Ideale Ohrenlänge (passend zum Zwerg) etwa 5,5 cm

Farbenschläge

In Deutschland: Schwarz, Havanna, Fehfarbig. Im Europastandard: Weiß (rot- und blauäugig) und Havanna

Haltungsanforderung

Wie Hermelin (siehe ab Seite 234)

Besonderheiten

Das Idealgewicht beträgt 1,1–1,35 kg, das Höchstgewicht 1,5 kg

Zwergfuchskaninchen, fehfarbig (ZwFu)

Herkunft

In der DDR wurden Zwergfuchskaninchen bereits 1980 anerkannt, in der BRD 1985

Verbreitung

Farbige Zwergfuchskaninchen sind zwar noch relativ selten, aber aus qualitativ guten Zuchten in Ausstellungen zu sehen

Kennzeichnende Rassemerkmale

Wie weiße Zwergfuchskaninchen. Zusätzlich ist die Farbe ein Rassemerkmal

Farbenschläge

In Deutschland: Schwarz, Havanna, Fehfarbig. Im Europastandard: Weiß (rot- und blauäugig) und Havanna

Haltungsanforderung

Geräumige, saubere Ställe entsprechend der Größe der Zwergkaninchen. Da Sonneneinstrahlung das Haar bleicht, ist eine gute Beschattung empfehlenswert. Schuren des Haares sind nicht erforderlich

Besonderheiten

Das Idealgewicht beträgt 1,1–1,35 kg, das Höchstgewicht 1,5 kg

Jamora, Harlekinfarbig (Jam)

Herkunft

Deutschland. Das Ziel des Herauszüchters Dr. Bernhard Thimm bestand darin, ein „japanerfarbiges Mini-Angora" als „Spielkaninchen" für Kinder zu züchten. Die Rasse wurde 1994 anerkannt

Verbreitung

Deutschland

Kennzeichnende Rassemerkmale

Kennzeichnend ist das Langhaar in einer Angora-Struktur und die Buntheit („harlekinfarbig"). Gefordert wird eine Farbverteilung wie bei Japanerkaninchen. Kopf, Ohren, Läufe sind kurzbehaart und dunkler als die übrige Behaarung

Farbenschläge

Keine weiteren als die Variante Schwarz-Gelb

Haltungsanforderung

Geräumige, saubere Ställe entsprechend der Größe einer kleinen Rasse. Schuren sind nicht erforderlich

Besonderheiten

Idealgewicht: 2,0–2,5 kg. Jungtiere haben zunächst satte, schwarzgelbe Farben, die später am Körper aufhellen

REGISTER